21 世纪高职高专规划教材 · 数控系列

数控编程与操作

主　编　秦启书
副主编　彭　巍
主　审　唐建生

中国人民大学出版社
· 北京 ·

21世纪高职高专机电类教材建设专家指导委员会

出版说明

21 世纪制造业的竞争，其实是数控技术的竞争。随着数控技术、电气自动化技术的迅速发展及数控加工设备数量的急剧增长，我国制造类企业急需大批数控编程、操作、维修人才及电气自动化技术人才，而目前劳动力市场这种高等技术应用性人才严重短缺。为此，教育部会同劳动和社会保障部、国防科工委、信息产业部、交通部、卫生部等联合启动了“职业院校制造业和现代服务业技能紧缺人才培养培训工程”，明确了高等职业教育的根本任务就是要从劳动力市场的实际需要出发，坚持以就业为导向，以全面素质为基础，以能力为本位，努力造就数以千万计的制造业和现代服务业一线迫切需要的高素质技能型人才。

大量培养高技能型人才中的一个重要基础问题就是教材建设。为了适应机电类高职教育迅速发展的形势，中国人民大学出版社依托教育部高等职业教育机电类专业的专家指导，进行了广泛的调研，期望探索出建设符合高职教育教学模式、教学方式、教学改革的教材的新路子。中国人民大学出版社先后组织全国 20 多所高职院校的院系领导及骨干教师召开了多次教材建设研讨会，对机电类具有工学结合特色的高职教材的编写指导思想，以及教材的定位、特色、名称、内容、篇幅进行了充分的论证，成立了中国人民大学出版社机电类专业规划教材编委会以及机电类教材建设专家指导委员会，组织出版高等职业教育机电类专业系列教材。

根据高等技术应用性人才培养目标，本套教材既具有高等教育的知识内涵，又具有职业教育的职业能力内涵，主要体现了以下特色：

1. 以综合素质为基础，以能力为本位。本套教材把提高学生能力放在突出的位置，符合教育部机电类专业教学基本要求和人才培养目标，注重创新能力和综合素质培养。

2. 以社会需求为基本依据，以就业为导向。本套教材以机电类企业的生产需求为依据，体现工学结合的特色，明确职业岗位对职业核心能力的要求，重点培养学生的技术运用能力和岗位工作能力。

3. 反映了机电领域的新知识、新技术、新工艺、新方法。本套教材注意克服以往专业教材中存在的内容陈旧、更新缓慢的弊端，选择了目前最新的控制系统为典型实例，采用了最新的国家标准及相关技术标准。

4. 贯彻学历教育与职业资格证、技能证考试相结合的精神。本套教材把职业资格证、技能证考证的知识点与教材内容相结合，将实践教学体系与国家职业技能鉴定标准实行对接，使学生在校学习的同时，也能顺利地获得职业资格证书。

5. 教材体系立体化。为了方便教师教学和学生学习，本套教材配备了电子课件、电子教案、教学指导、题库、案例素材等教学资源，并将配备相应的教学支持服务平台。

在本套教材的研发与编写过程中，要感谢诸多专家、领导，感谢他们对机电类专业规划教材研发所投入的大量精力，同时要感谢关注高等职业教育、参加本套教材研发与编写的各位老师，我们希望能够得到大家一如既往的支持，为我国的高等职业教育发展作出更大的贡献。

中国人民大学出版社

总　序

制造业在国民经济中占有举足轻重的地位，世界上具有重要影响力的国家无一不是制造业强国。制造业的持续发展是我国实现新型工业化的重要组成部分，是今后很长时期带动我国国民经济发展的火车头。中国要想成为制造业强国，目前还面临很多困难，其中很重要的一个就是缺乏高素质专业人才，包括相对稳定的、掌握先进生产技术的技能型人才，而以精益生产为代表的先进制造模式，是将柔性制造技术、高素质劳动者以及企业内部和企业之间的灵活管理方式集成在一起，对技能型人才的工作能力又提出了新的要求。

近年来，我国加工制造类职业教育取得了较大发展，中、高等职业院校加工制造类专业学生总数不仅逐年增加，而且占学生总数的比例也在增加。制造类职业教育取得的进步，特别是数量上的发展，为我国实现走向制造业大国的阶段性战略目标奠定了基础。然而，制造类职业教育还存在着很多问题，特别是在教育质量方面，主要表现在课程设置、教学内容选择、教学设计以及教材建设上没有充分考虑企业需求和学生的职业发展规律；教学不能满足企业技术进步和劳动组织发展需要等方面，这已经成为困扰职业教育教学质量提高的瓶颈。因此，加强课程和教材建设，已经成为众多职业院校教育教学工作的重要内容。

职业院校以市场和需求为导向的课程和教材建设，应当从专业所面向的职业工作任务和岗位要求出发，明确培养规格和关键能力要求，从而为学生的职业生涯发展奠定良好的基础，这不论是在理论上还是实践上都面临着巨大的挑战。这里不仅要引入先进的职业教育理念，需要丰富的专业实践经验，而且需要把先进、实用的技术有针对性地与职业院校的教学工作有机结合起来。在此，这套由中国人民大学出版社组织编写的针对机械制造、数控、自动化等专业的“21世纪高职高专规划教材”都进行了有益的探索。希望这套教材的出版不但能帮助职业院校更快、更好、更容易地培养出社会所紧缺的技能型人才，而且也能为我国职业教育的教学改革提供有价值的经验。

北京师范大学　技术与职业教育研究所所长

赵志群

前　言

数控机床的诞生是机械加工行业划时代的明显标志，利用数控机床进行机械加工不仅效率高，而且加工质量稳定，同时大大降低了工人的劳动强度。数控技术的迅猛发展和性能价格比的不断提高，使数控机床的应用得以普及，然而数控技术人才是我国紧缺型人才之一。国家迫切需要掌握数控编程技术和数控机床操作技术的现代制造行业技术人员。

《数控编程与操作》适合高职高专院校数控技术、模具设计与制造、机械制造、机电一体化等专业的学生作为教材使用。同时也可以作为机械制造行业技术人员的培训教材或作为中专技校教师的参考书。

本书主要讲解了数控机床的编程与操作，以常用的FANUC系统数控机床为例，分别讲述数控车床编程与操作、数控铣床编程与操作、立式加工中心编程与操作。力争做到通俗易懂，图文并茂；注重理论与实训相合，讲解了完整的编程实例。

本书由河南工业职业技术学院秦启书任主编、彭巍任副主编，本书共分8章。第1章和第2章由河南工业职业技术学院刘志刚编写；第3章由河南工业职业技术学院任海东编写；第4章和第6章由秦启书编写；第5章和第7章由彭巍编写；第8章由河南工业职业技术学院崔小中编写；本书由河南工业职业技术学院唐建生副教授主审。

本书编者水平有限，书中错误和不妥之处，恳请读者指正，以便于尽早修订完善。

目　录

第 1 章　数控加工程序编制基础

1.1　机床坐标系

1.1.1　机床坐标系和主运动方向

数控机床坐标系是用来确定刀具运动路径的依据。为了保证数控机床的运行、操作及程序编制的一致性，并使编制的程序对同类型数控机床具有互换性，数控标准统一规定了机床坐标系及各轴的名称和运动方向。

1. 标准坐标系的规定

对数控机床中的坐标系和运动方向的命名，GB/T 19660—2005 统一规定采用标准的右手笛卡儿直角坐标系，一个直线进给运动或一个圆周进给运动定义一个坐标轴。

标准中规定直线进给运动用右手直角笛卡儿坐标系 *X*、*Y*、*Z* 表示，称为基本坐标系。*X*、*Y*、*Z* 坐标轴的相互关系用右手法则决定。如图 1—1 所示，图中大拇指的指向为 *X* 轴的正方向，食指指向为 *Y* 轴的正方向，中指指向为 *Z* 轴的正方向。围绕 *X*、*Y*、*Z* 轴旋转的圆周进给坐标轴分别用 *A*、*B*、*C* 表示。根据右手法则，可以方便地确定 *A*、*B*、*C* 三个旋转坐标轴。以大拇指指向 +*X*、+*Y*、+*Z* 方向，则食指、中指等的指向是圆周进给运动 +*A*、+*B*、+*C* 方向。

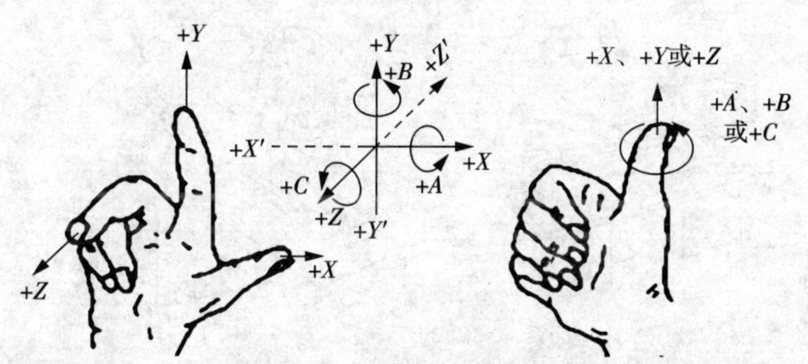

图 1—1　右手笛卡儿直角坐标系

如果数控机床的运动多于 *X*、*Y*、*Z* 三个坐标，则可用附加坐标轴 *U*、*V*、*W* 分别表示平行于 *X*、*Y*、*Z* 三个坐标的第二组直线运动；如果在回转运动 *A*、*B*、*C* 外还有第二组回转运动，则可分别指定为 *D*、*E*、*F*。然而，大部分数控机床加工的动作只需三个直线坐标轴及一个旋转轴便可完成大部分零件的数控加工。

2. 运动方向的确定

机床的进给运动，有的是由刀具向工件运动来实现的，有的是由工作台带着工件向刀具运动来实现的。为了在不知道刀具、工件之间如何作相对运动的情况下，便于确定机床的进给操作和编程，可以统一规定标准坐标系 *X*、*Y*、*Z* 作为刀具（相对于工件）运动的坐标系，增大刀具与工件距离的方向为坐标正方向，即坐标系的正方向都是假定工件静止、刀具相对于工件运动来确定的。考虑到刀具与工件是一对相对运动，即刀具向某一方向运动等同于工件向其相反方向运动的特点，图 1—1 中虚线所示的 $+X'$、$+Y'$、$+Z'$必然是工件（相对于刀具）正向运动的坐标系。

3. 坐标轴的确定

（1）Z 轴的确定。

统一规定与机床主轴重合或平行的坐标为 Z 轴，远离工件的方向为正方向。机床主轴是传递切削运动转矩的轴。如数控车床、数控外圆磨床是主轴带动工件旋转，数控铣床、数控钻床等是主轴带动刀具旋转。

对于没有主轴的机床，规定垂直于工件装夹表面的方向为 Z 坐标轴的方向，正向是使刀具离开工件的方向。

（2）X 轴的确定。

X 轴为水平的、平行于工件装夹面的轴。

对于加工过程中主轴带动工件旋转的机床，如数控车床、数控磨床等，X 轴沿工件的径向并平行于横向拖板，刀具或砂轮离开工件旋转中心的方向为 X 轴的正向。

对于如铣床、钻床、镗床等刀具旋转的机床，若 Z 轴水平（主轴是卧式的），当从主轴（刀具）向工件看时，X 轴的正向指向右边，如数控卧式镗床、铣床；若 Z 轴垂直（主轴是立式的），对于单立柱机床，当从主轴向立柱看时，X 轴的正向指向右边，对于双立柱机床，当从主轴向左侧立柱看时，X 轴的正向指向右边。

（3）Y 轴的确定。

根据 X、Z 轴及其方向，可按右手直角笛卡儿坐标系，利用右手法则确定 Y 轴。

根据 X、Y、Z 轴及其方向，利用右手法则即可确定 A、B、C 的方向。一些数控机床的坐标系如图 1—2 所示。

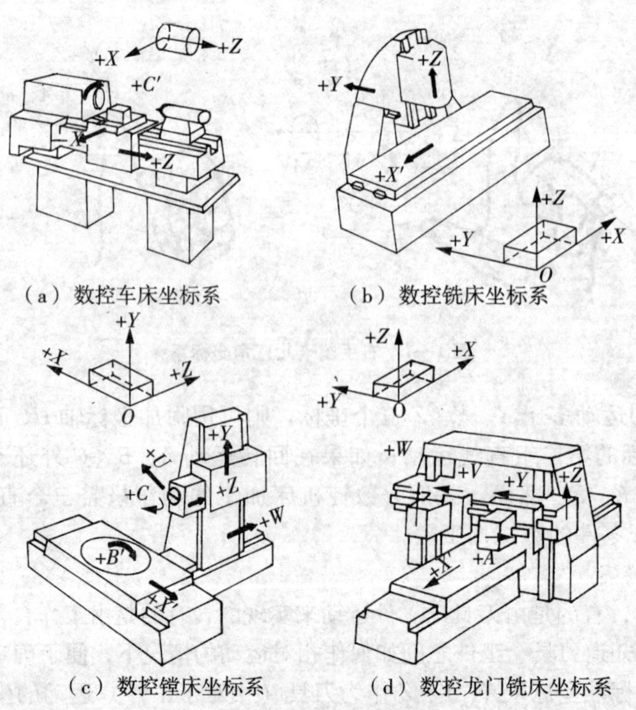

图 1—2 数控机床坐标系

1.1.2　机床原点和机床参考点

1. 机床原点

机床原点是机床基本坐标系的原点，是工件坐标系、机床参考点的基准点，也称为机械原点、机床零点，它是机床上的一个固定点，其位置是由机床设计和制造单位确定的，通常不允许用户改变，如图1—3所示。数控车床的机床原点一般在卡盘前端面或后端面的中心；数控铣床的机床原点，各生产厂不一致，有的在机床工作台的中心，有的在进给行程的终点。

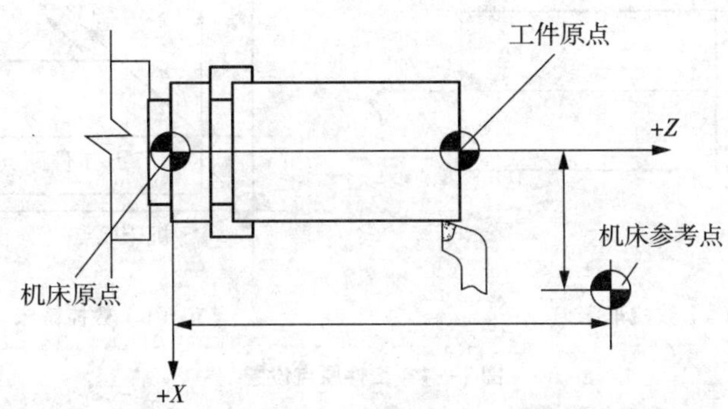

图1—3　数控机床的机床原点与参考点

2. 机床参考点

机床参考点是机床坐标系中一个固定不变的点，是机床各运动部件在各自的正向自动退至极限的一个点（由限位开关精密定位），如图1—3所示。机床参考点已由机床制造厂测定后输入数控系统，并记录在机床说明书中，用户不得随意更改。

实际上，机床参考点是机床上最具体的一个机械固定点，既是运动部件返回时的一个固定点，又是各轴启动时的一个固定点，而机床零点（机床原点）只是系统内运算的基准点，于操作者来说，它处于机床的何处无关紧要。机床参考点对机床原点的坐标是一个已知定值，可以根据该点在机床坐标系中的坐标值间接确定机床原点的位置。

在机床接通电源后，通常要作回零操作，使刀具或工作台运动到机床参考点。注意，通常我们所说的回零操作，其实是指机床返回参考点的操作，并非返回机床零点。当返回参考点的工作完成后，显示器即显示出机床参考点在机床坐标系中的坐标值，表明机床坐标系已经自动建立。机床在回参考点时所显示的数值表示参考点与机床零点间的工作范围，该数值被记忆在CNC系统中，并在系统中建立了机床零点作为系统内运算的基准点。也有机床在返回参考点时，显示为零（*X*0，*Y*0，*Z*0），这表示该机床零点被建立在参考点上。

回参考点操作是对基准的重新核定，可消除由于种种原因产生的基准偏差。在数控加工程序中可用相关指令使刀具经过一个中间点自动返回参考点，每次回参考点时所显示的数值必须相同，否则加工有误差。

1.1.3　工件坐标系和工件原点

工件坐标系是编程人员在编程时使用的，由编程人员以工件图纸上的某一固定点为原点所建立的坐标系，编程尺寸都按工件坐标系中的尺寸确定。为保证编程与机床加工的一致性，工件坐标系也应该是右手笛卡儿坐标系，而且工件装夹到机床上时，应使工件坐标系与机床坐标系的坐标轴方向保持一致。

工件坐标系的原点称为工件原点或编程原点。工件原点在工件上的位置可以任意选择，为了有利于编程，工件原点最好选在工件图样的基准上或工件的对称中心上，例如回转体零件的端面中心、非回转体零件的角边、对称图形的中心等。

在数控车床上加工零件时，工件原点一般设在主轴中心线与工件右端面或左端面的交点处如图1—4（a）所示；在数控铣床上加工零件时，工件原点一般设在工件的某个角上或对称中心上，如图1—4（b）所示。

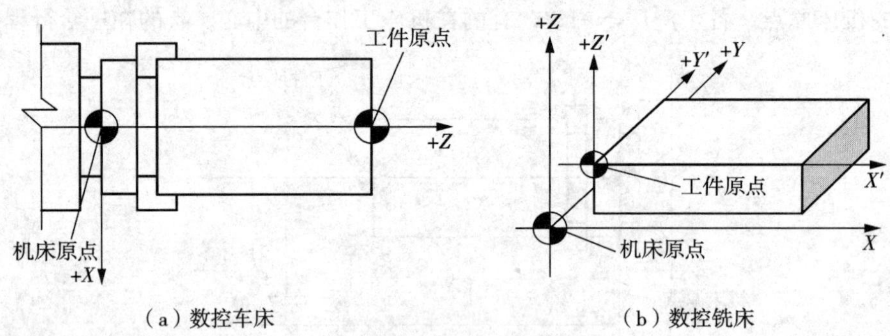

图1—4　工件原点设置

为编程方便，统一假定工件固定，按照刀具相对工件运动进行编程，直接在零件图上建立一个与标准坐标系平行的工件坐标系，使刀具在图样上运动。这样编程人员就能够依据零件图样进行数控加工程序的编制，不必考虑数控机床各运动部件的具体运动方向，也不必考虑是刀具移近工件还是工件移近刀具的问题。

1.1.4　工件坐标系和机床坐标系的关系

编程时，尺寸都按工件坐标系中的尺寸确定，不必考虑工件在机床上的安装位置和安装精度，但在加工时需要确定机床坐标系、工件坐标系、刀具起点三者的位置才能加工。工件装夹在机床上后，可通过对刀确定工件在机床上的位置。

所谓对刀，就是确定工件坐标系与机床坐标系的相互位置关系的。在加工时，工件随夹具在机床上安装后，测量工件原点与机床原点之间的距离，这个距离称为工件原点偏置，如图1—5所示。在用绝对坐标编程时，该偏置值可以预存到数控装置中，在加工时工件原点偏置值可以自动加到机床坐标系上，使数控系统可按机床坐标系确定加工时的坐标值。

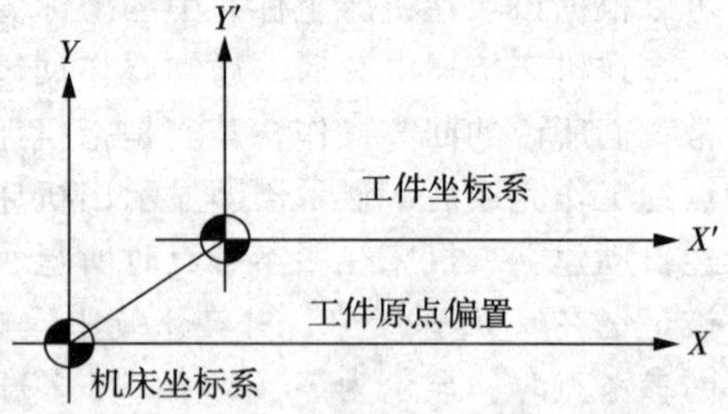

图1—5　机床坐标系与工件坐标系

对刀过程一般从各坐标方向分别进行，可理解为通过找正刀具与一个在工件坐标系中有确定位置的点（即对刀点）来实现。对刀点可以设在工件、夹具或机床上，但必须与工件的定位基准（相当于工件坐标系）有已知的准确关系，这样才能确定工件坐标系与机床坐标系的关系。选择对刀点的原则是：便于确定工件坐标系与机床坐标系的相互位置，容易找正，加工过程中便于检查，引起的加工误差小。当对刀精度要求较高时，对刀点应尽量选在零件的设计基准或工艺基准上。

对刀操作时直接或间接地使对刀点与刀位点重合。所谓刀位点，是指编制数控加工程序时用以确定刀具位置的基准点。对于平头立铣刀、面铣刀类刀具，刀位点一般取为刀具轴线与刀具底端面的交点；对球头铣刀，刀位点为球心；对于车刀、镗刀类刀具，刀位点为刀尖；钻头取为钻头端面中心上等，如图 1—6（a）～（d）所示。刀具起始运动的刀位点称为起刀点。

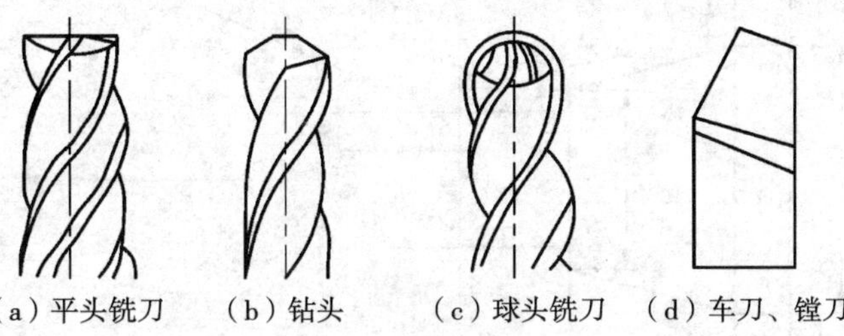

图 1—6　刀位点

数控系统从对刀点开始控制刀位点运动，并由刀具切削部分加工出要求的零件轮廓，如用球头铣刀加工三坐标立体型面的零件时，数控系统控制球头刀球心轨迹，而由外圆切削刃加工出零件轮廓。

对于数控车床、加工中心等数控机床，若加工过程中换刀，在编程时应考虑选择合适的换刀位置，为了防止换刀时刀具碰伤工件，换刀点必须设在零件的外部足够远的地方。

1.2　数控加工程序格式

1.2.1　程序基本格式

1. 数控加工程序的结构

一个完整的数控加工程序可分为程序号、程序段、程序结束指令等几个部分。

程序号又名程序名，置于程序开头，用作一个具体加工程序存储、调用的标记。目前的计算机数控（CNC）机床，能将程序存储在内存中，为了区别不同程序，在程序的最前端加上程序号码以区分，以便进行程序检索。程序号码以地址 O、P、% 以及 1～9999 范围内的任意数字组成，通常 FANUC 系统用“O”，SINUMERIC 系统用“%”作为程序号的地址码。编程时要根据说明书的规定作指令，否则系统是不会执行的。

工件加工程序由若干个程序段组成，程序段是控制机床的一种语句，表示一个完整的运动或操作。程序结束指令用 M02 或 M30 代码，放在最后一个程序段作为整个程序的结束。举例如下，如图 1—7 所示。

```
O2001;                          (程序号)
N10 G50 X200 Z150 T0100;        (建立工件坐标系，选择 T01 号刀)
N20 G96 S150 M03;               (恒线速设定，主轴正转)
N25 G50 S2000;                  (设定主轴最高转速)
N30 G00 X20 Z6 T0101;           (① 建立刀具补偿)
N40 G01 Z-30 F0.25;             (② φ20 圆柱加工)
N50 X50;                        (③ φ50 轴肩加工)
N60 X60 Z-70;                   (④ φ50 圆锥加工)
N70 X90;                        (⑤ φ60 轴肩加工)
```

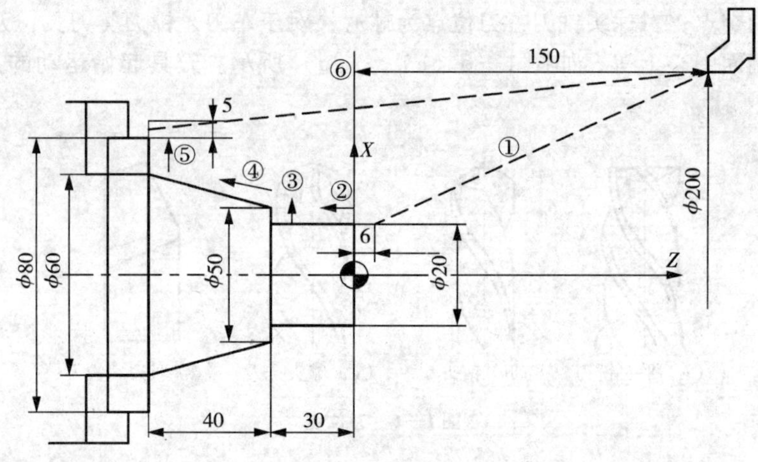

图 1—7　编程示例

N80 G00 X200 Z150 T00 M05;　　　（⑥刀具回位）

N90 M02;　　　　　　　　　　　（程序结束）

上例为一个完整的零件加工程序，程序号为 O2001。以上程序中每一行即称为一个程序段，共由 10 个程序段组成，每个程序段以序号“N”开头。M02 作为整个程序的结束。

2. 程序段的组成

一个程序段表示一个完整的加工工步或动作。程序段由程序段号、若干程序字和程序段结束符号组成。

程序段号 N 又称程序段名，由地址 N 和数字组成。数字大小的顺序不表示加工或控制顺序，只是程序段的识别标记。在编程时，数字大小可以不连续，也可以颠倒，也可以部分或全部省略。但一般习惯按顺序并以 5 或 10 的倍数编程，以备插入新的程序段。

程序字由一组排列有序的字符组成，如 G00、G01、X120、M02 等，表示一种功能指令。每个“字”是控制系统的具体指令，由一个地址文字（地址符）和数字组成，字母、数字、符号统称为字符。例如 X250 为一个字，表示 X 向尺寸为 250 mm；F200 为一个字，表示进给速度为 200 mm/min（具体值由规定的代码方法决定）。每个程序段由按照一定顺序和规定排列的“字”组成。

程序段末尾的“;”为程序段结束符号，有时也用“LF”表示程序段结束。

3. 程序段的格式

程序段格式指程序中的字、字符、数据的安排规则。不同的数控系统往往有不同的程序段格式，格式不符合规定，数控系统便不能接受，则程序将不被执行而出现报警提示，故必须依据该数控装置的指令格式书写指令。

程序段的格式可分为固定顺序程序段格式、分隔符程序格式和可变程序段格式。数控机床发展初期采用的固定顺序程序段格式以及后来的分隔符程序格式，现已不用或很少使用，最常用的是地址可变程序段格式，简称字地址程序格式。其形式如下：

N_ G_ X_ Y_ Z_ … F_ S_ T_ M_ ;

例如：

N10 G01 X40 Z0 F0.2;

其中：N 为程序段地址码，用于指令程序段号；G 为指令动作方式的准备功能地址，G01

为直线插补指令；*X* 为坐标轴地址，后面的数字表示刀具移动的目标点坐标；*F* 为进给量指令地址，后面的数字表示进给量。

在程序段中除程序段号与程序段结束字符外，其余各字符的顺序并不严格，可先可后，但为便于编写，习惯上可按 N，G，X，Y，Z，…，F，S，T，M 的顺序编程。

字地址程序格式具有程序简单、可读性强、易于检查的特点。程序段的长短，随字数和字长（位数）都是可变的，一个程序段中字的数目与字的位数（字长）可按需给定，不需要的代码字以及与上段相同的续效字可以不写，使程序简化、缩短。现代数控机床中广泛采用这种格式。

1.2.2　程序指令分类

数控程序中所用的代码，主要有 G 代码、辅助功能 M 代码、进给功能 F 代码、主轴转速功能 S 代码、刀具功能 T 代码等。在数控编程中，用各种 G 指令和 M 指令来描述工艺过程的各种操作和运动特征。现国际上广泛采用 ISO 1056—1975E 标准，我国等效采用该标准指定了 JB/T 3208—1999 标准，它与国际上使用的 ISO 1056—1975E 标准基本一致。

1. G 代码

G 代码是使数控机床建立起某种加工指令方式，如规定刀具和工件的相对运动轨迹（即规定插补功能）、刀具补偿、固定循环、机床坐标系、坐标平面等多种加工功能。G 指令由地址符 G 和后面的两位数字组成，从 G00 到 G99 共 100 种。G 代码是程序的主要内容，JB/T 3208—1999 标准规定如表 1—1 所示。

表 1—1　　G 代码（摘自 JB/T 3208—1999）

代码	功能保持到被取消或被同样字母表示的程序指令所代替	功能仅在所出现的程序段内有效	功能
G00	a		点定位
G01	a		直线插补
G02	a		顺时针圆弧插补
G03	a		逆时针圆弧插补
G04		*	暂停
G05	#	#	不指定
G06	a		抛物线插补
G07	#	#	不指定
G08		*	加速
G09		*	减速
G10～G16	#	#	不指定
G17	c		*XY* 平面选择
G18	c		*ZX* 平面选择
G19	c		*YZ* 平面选择
G20～G32	#	#	不指定
G33	a		螺纹切削，等螺距

续前表

代码	功能保持到被取消或被同样字母表示的程序指令所代替	功能仅在所出现的程序段内有效	功能
G34	a		螺纹切削，增螺距
G35	a		螺纹切削，减螺距
G36～G39	#	#	永不指定
G40	d		刀具补偿/刀具偏置注销
G41	d		刀具补偿（左）
G42	d		刀具补偿（右）
G43	#（d）	#	刀具偏置（正）
G44	#（d）	#	刀具偏置（负）
G45	#（d）	#	刀具偏置 +/+
G46	#（d）	#	刀具偏置 +/−
G47	#（d）	#	刀具偏置 −/−
G48	#（d）	#	刀具偏置 −/+
G49	#（d）	#	刀具偏置 0/+
G50	#（d）	#	刀具偏置 0/−
G51	#（d）	#	刀具偏置 +/0
G52	#（d）	#	刀具偏置 −/0
G53	f		直线偏移注销
G54	f		直线偏移 *X*
G55	f		直线偏移 *Y*
G56	f		直线偏移 *Z*
G57	f		直线偏移 *XY*
G58	F		直线偏移 *XZ*
G59	f		直线偏移 *YZ*
G60	h		准确定位 1（精）
G61	h		准确定位 2（中）
G62	h		准确定位（粗）
G63	*		攻丝
G64～G67	#	#	不指定
G68	#（d）	#	刀具偏置，内角
G69	#（d）	#	刀具偏置，外角
G70～G79	#	#	不指定
G80	e		固定循环注销
G81～G89	e		固定循环
G90	j		绝对尺寸

续前表

代码	功能保持到被取消或被同样字母表示的程序指令所代替	功能仅在所出现的程序段内有效	功能
G91	j		增量尺寸
G92		*	预置寄存
G93	k		时间倒数，进给率
G94	k		每分钟进给
G95	k		主轴每转进给
G96	i		恒线速度
G97	i		主轴每分钟转数
G98、G99	#	#	不指定

注：1. “#”号表示如选作特殊用途，必须在程序格式中说明。

2. 在直线切削控制中没有刀具补偿，则 G43 ～ G52 可指定其他用途。

3. 在表中左栏括号内的字母（d）表示；可以被同栏中没有括号的字母 d 所注销或代替，也可被有括号的字母（d）所注销或代替。

4. G45 ～ G52 的功能可用于机床上任意两个预定的坐标。

5. 控制机上没有 G53 ～ G59、G63 功能时，可以指定其他用途。

表内标有字母 a、c、d、… 的表示所对应的第一列中 G 代码为模态代码（又称续效代码），字母相同的为一组，同组的任意两个 G 代码不能同时出现在一个程序段中。模态代码在一个程序段中一经指定，便保持到以后程序段中，直到出现同组的另一个代码时才失效。在某一程序段中一经应用某一模态 G 代码，如果后续的程序段中还有相同功能的操作，且没有出现过同组 G 代码时，则在后续的程序段中可以不再指定和书写这一功能代码。表中标有“*”的为非模态代码，非模态代码只有书写了该代码才有效，即只在所出现的程序段有效。表中说明“不指定”的代码，用作将来修订标准时要指定新功能；“永不指定”的代码，说明即使将来修订标准时，也不指定新功能。这两类代码可由数控系统设计者根据需要自行定义表中所列功能之外的新功能，为方便用户使用，要在机床说明书中给予说明。

2. 辅助功能（M 代码）

辅助功能指令用于指定主轴的启停、正反转、冷却液的开关、工件或刀具的夹紧与松开、刀具的更换等。辅助功能由指令地址符 M 和后面的两位数字组成，也有 M00 ～ M09 共100 种。M 代码也有续效指令与非续效指令。JB/T 3208—1999 标准规定如表 1—2 所列。

表 1—2　辅助功能 M 代码（摘自 JB/T 3208—1999）

代码	功能开始时间		功能保持到被注销或被适当程序指令所代替	功能仅在所出现的程序段内有作用	功能
	与程序段指令运行同时开始	在程序段指令运行完成后开始			
M00		*		*	程序停止
M01		*		*	计划停止
M02		*		*	程序结束
M03					主轴顺时针方向
M04					主轴逆时针方向

续前表

代码	功能开始时间		功能保持到被注销或被适当程序指令所代替	功能仅在所出现的程序段内有作用	功能
	与程序段指令运行同时开始	在程序段指令运行完成后开始			
M05		*	*		主轴停止
M06	#	#		*	换刀
M07					2 号冷却液开
M08	*		*		1 号冷却液开
M09		*	*		冷却液关
M10	#	#	*		夹紧
M11	#	#	*		松开
M12	#	#	#	#	不指定
M13	*		*		主轴顺时针方向冷却液开
M14	*		*		主轴逆时针方向冷却液开
M15	*			*	正运动
M16	*			*	负运动
M17、M18	#	#	#	#	不指定
M19		*	*		主轴定向停止
M20 ～ M29	#	#	#	#	永不指定
M30		*		*	纸带结束
M31	#	#		*	互锁旁路
M32 ～ M35	#	#	#	#	不指定
M36	*		#		进给范围 1
M37	*		#		进给范围 2
M38	*		#		主轴速度范围 1
M39	*		#		主轴速度范围 2
M40 ～ M45	#	#	#	#	齿轮换挡
M46、M47	#	#	#	#	不指定
M48		*	*		注销 M49
M49	*		#		进给率修正旁路
M50	*		#		3 号冷却液开
M51	*		#		4 号冷却液开
M52 ～ M54	#	#	#	#	不指定
M55	*		#		刀具直线位移，位置 1
M56	*		#		刀具直线位移，位置 2
M57 ～ M59	#	#	#	#	不指定
M60		*		*	更换工件

续前表

代码	功能开始时间		功能保持到被注销或被适当程序指令所代替	功能仅在所出现的程序段内有作用	功能
	与程序段指令运行同时开始	在程序段指令运行完成后开始			
M61	*				工件直线位移，位置 1
M62	*		*		工件直线位移，位置 2
M63 ~ M70	#	#	#	#	不指定
M71	*	*			工件角度位移，位置 1
M72	*		*		工件角度位移，位置 2
M73 ～ M89	#	#	#	#	不指定
M90 ～ M99	#	#	#	#	永不指定

注：1. “#” 号表示如选作特殊用途，必须在程序说明中说明。

2. M90 ～ M99 可指定为特殊用途。

常用 M 指令如下：

（1）M00——程序停止指令。M00 使程序停止在本段状态，不执行下段。执行完含有 M00 的程序段后，机床的主轴、进给、冷却都自动停止，但全部现存的模态信息保持不变，重按控制面板上的循环启动键，便可继续执行后续程序。该指令可用于自动加工过程中停车进行测量工件尺寸、工件调头、手动变速等操作。

（2）M01——计划停止指令。该指令与 M00 相似，不同的是必须预先在控制面板上按下“任选停止”键，当执行到 M01 时程序才停止；否则，机床仍不停地继续执行后续的程序段。该指令常用于工件尺寸的停机抽样检查等，当检查完成后，可按启动键继续执行以后的程序。

（3）M02——程序结束指令。用此指令使主轴、进给、冷却全部停止，并使机床复位。M02 必须出现在程序的最后一个程序段中，表示加工程序全部结束。

（4）M03、M04、M05——主轴正/反转、停止指令。M03 表示主轴正转，M04 表示主轴反转，M05 表示主轴停止。

（5）M06——换刀指令。该指令用于具有自动换刀装置的机床。

3. 进给功能（F 代码）

F 代码为进给速度指令，用来指定坐标轴移动进给的速度。F 代码为续效代码，一经设定后如未被重新指定，则先前所设定的进给速度继续有效。该指令一般有以下两种表示方法：

（1）代码法。采用代码法时，后面的数字不直接表示进给速度的大小，而是机床进给速度数列的序号。

（2）直接指定法。F 后跟的数字就是进给速度的大小，如 F150，表示进给速度为 150 mm/min。这种方法比较直观，目前大多数数控机床都采用直接指定法。

4. S 代码

S 代码用来指定主轴转速，用字母及后面的 1 位～4 位数字表示，有恒转速（单位为 r/min）和恒线速（单位为 m/min）两种指令方式。S 指令只是设定主轴转速的大小，并不会使主轴回转，必须有 M03（主轴正转）或 M04（主轴反转）指令时，主轴才开始旋转。S 指令是续效代码。

5. T 代码

T 代码用于选择所需的刀具，同时还可用来指定刀具补偿号。一般加工中心程序中的 T 代码后的数字直接表示所选择的刀具号码，如 T12，表示 12 号刀；数控车床程序中的 T 代码后的数字既包含所选择的刀具号，也包含刀具补偿号，如 T0102，表示选择 01 号刀，调用 02 号刀补参数。

需要说明的是：尽管数控代码是国际通用的，但是各个数控系统制造厂家往往自定了一些编程规则，不同的系统有不同的指令方法和含义，具体应用时要参阅该数控机床的编程说明书，遵守编程手册的规定，这样编制的程序才能为具体的数控系统所接受。

1.2.3 程序编制步骤

数控机床是一种按照输入的数字信息进行自动加工的机床，因此，在数控机床上加工零件有一个零件程序的编制问题。程序编制就是根据加工零件的图样和加工工艺，将零件加工的工艺过程及加工过程中需要的辅助动作，如换刀、冷却、夹紧、主轴正/反转等，按照加工顺序和数控机床中规定的指令代码及程序格式编成加工程序单，再将程序单中的全部内容输入到数控机床的数控装置的过程。

1. 分析零件图样

首先要根据零件的材料、形状、尺寸、精度、毛坯形状和热处理要求等确定加工方案，选择合适的机床。

2. 工艺处理

工艺处理涉及的问题较多，主要考虑以下几点：

（1）确定加工方案。此时应按照充分发挥数控机床功能的原则，使用合适的数控机床，确定合理的加工方法。

（2）刀具、夹具的选择。数控加工用刀具由加工方法、切削用量及其他与加工有关的因素来确定。数控加工一般不需要专用的、复杂的夹具，在选择夹具时应特别注意要迅速完成工件的定位和夹紧过程，以减少辅助时间，所选夹具还应便于安装，便于协调工件和机床坐标系的尺寸关系。

（3）选择对刀点。对刀点是程序执行的起点，也称“程序原点”，程序编制时正确地选择对刀点是很重要的。对刀点的选择原则是：所选的对刀点应使程序编制简单；对刀点应选在容易找正、加工过程中便于检查的位置；为提高零件的加工精度，对刀点应尽量设置在零件的设计基准或工艺基准上。

（4）确定加工路线。确定加工路线时要尽量缩短加工路线，减少进刀和换刀次数，保证加工安全可靠。

（5）确定切削用量。即确定切削深度、主轴转速、进给速度等，具体数值应根据数控机床使用说明书的规定；被加工工件的材料、加工工序以及其他要求并结合实际经验来确定。同时，对毛坯的基准面和加工余量要有一定的要求，以便毛坯的装夹，使加工能顺利进行。

3. 刀具运动轨迹计算（数学处理）

工艺处理完成后，根据零件的几何尺寸、加工路线计算数控机床所需的输入数据。一般的数控系统都具有直线插补和圆弧插补的功能，所以对于由直线和圆弧组成的较简单的平面零件，只需计算出零件轮廓的相邻几何元素的交点或切点（称为基点）的坐标值；对于较复杂的零件或零件的几何形状与数控系统的插补功能不一致时，就需要进行较为复杂的数值计算。例如非圆曲线，需要用直线段或圆弧段来逼近，计算出相邻逼近直线或圆弧的交点或切点（称为节点）的坐标值，编制程序时要输入这些数据。

4. 编写加工程序单

完成工艺处理与运动轨迹运算后，根据计算出的运动轨迹坐标值和已确定的加工顺序、加工路线、切削参数和辅助动作，以及所使用的数控系统的指令、程序段格式，按数控机床规定使用的功能代码及程序格式，编写加工程序单。

5. 程序输入

编好的程序可以通过几种方式输入数控装置：可以按规定的代码存入穿孔纸带、磁盘等程序介质中，变成数控装置能读取的信息，送入数控装置；可以用手动方式，通过操作面板的按键将程序输入数控装置；如果是专用计算机编程或用通用微机进行的计算机辅助编程，可以通过通信接口，直接传入数控装置。

6. 程序校验

编好的程序在正式加工之前，需要经过检测。一般采用空走刀检测，在不装夹工件的情况下启动数控机床，进行空运行，观察运动轨迹是否正确。也可采用空运转画图检测，在具有 CRT 屏幕图形显示功能的数控机床上，进行工件图形的模拟加工，检查工件图形的正确性。

7. 首件试切

以上这些过程只能检查运动是否正确，不能检查出由于刀具调整不当或编程计算不准而造成的误差，因此，必须用首件试切的方法进行实际切削检查，进一步考察程序的正确性，并检查加工精度是否满足要求。若实际切削不符合要求，可修改程序或采取补偿措施。试切一般采用铝件、塑料、石蜡等易切材料来进行。

1.3　编程中的数学处理

无论手工编程还是自动编程，都要按零件图纸、已确定的加工路线和允许的编程误差，计算出数控装置所需输入数据，这称为数值计算。

一个零件的轮廓可能由许多不同的几何元素组成，如直线、圆弧、二次曲线等，各几何元素的连接点称为基点，如相邻两直线的交点、直线与圆弧的交点或切点等。对于形状比较简单的轮廓零件（由直线、圆弧构成），因数控系统一般都具有直线插补、圆弧插补和刀具补偿功能，所以数学处理只需计算出零件轮廓上的基点的坐标值。当零件形状比较复杂或零件形状与机床数控装置的插补功能不一致时，就需要比较复杂的计算。在用直线插补、圆弧插补功能逼近曲线时，要将轮廓曲线分段，用一段一段的直线或圆弧逼近，逼近线段与非圆曲线的交点称为节点，此时数学处理的任务是计算出各分隔点（节点）的坐标值，并使逼近误差小于允许值。

对于飞机、舰船等上的许多零件轮廓并不是用数学方程式描述，而是给出曲线上某些坐标点，而且往往只是很少几点，为保证精度就要增加新的节点。编程时，首先要确定这些离散的坐标点之间的变化规律，常采用样条插值函数来拟合曲线。由于这些拟合曲线是任意曲线，而一般的数控系统只有直线、圆弧插补功能，因此还需将样条曲线进一步处理成直线或圆弧，作为机床数控装置的输入信息。

当采用自动编程语言系统时，这些数学处理可以由计算机进行。目前，性能比较先进的数控系统已具有多种特殊曲线插补的功能，如 FANUC 公司 F—16/18 系列及 160/180 系列的数控装置，有渐开线、抛物线、指数函数曲线、圆弧螺纹、多头螺纹、变螺距螺纹等曲线的插补功能。

1.3.1 圆弧连接计算

数控机床一般都具有直线插补和圆弧插补的功能，因此对于由直线、圆弧组成的平面轮廓零件，它的数值计算比较简单，主要是基点的计算。基点坐标的计算一般比较简单，可根据零件图样给定的尺寸，运用代数、几何、三角、解析几何的有关知识，直接计算出数值。下面举例说明。

例如，图1—8所示为刀具中心从起点 S 到终点 H 的轨迹，各基点坐标计算（计算各点的增量）如下：

（1）刀具路线 $S \to A \to B$，计算方法为

$XA = 32 - 20\tan30° = 32 - 11.547 = 20.453$

$XB = 20\sin60° = 17.321$

$YB = 20 - 20\cos60° = 10$

（2）刀具路线 $B \to C \to D \to E$，计算方法为

$XC = 25 - (20\sin60° - 20\tan30°) - (15\sin60° - 15\tan30°) = 14.896$

$YC = XC\tan60° = 25.801$

$XD = 15\sin60° = 12.990$

$YD = 15 - 15\cos60° = 7.5$

$XE = 24 - 15\tan30° = 15.340$

（3）刀具路线 $E \to F \to G \to H$，计算方法为

$XF = 20 - 15\cos60° = 22.5$

$YF = 20\tan60° - 15\sin60° = 21.651$

$XG = 15\cos60° - 15\cos30° = 20.450$

$YG = 15\sin60° - 15\sin30° = 5.49$

$XH = 43.3 - 15\cos30° = 30.310$

$YH = 25 - 15\sin30° = 17.5$

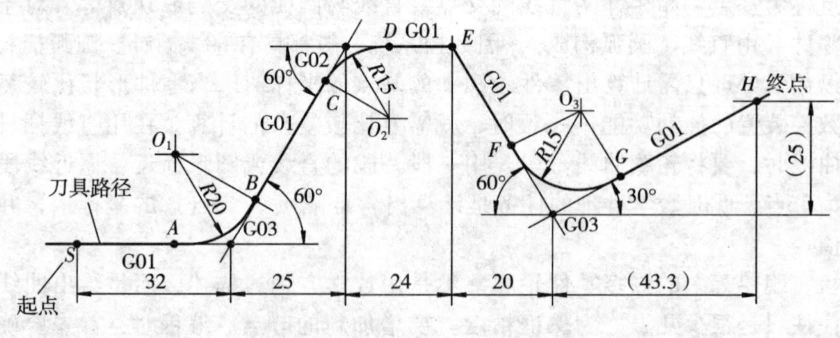

图1—8 走刀路线图

1.3.2 非圆曲线处理方法

数控系统一般都只有直线和圆弧插补功能，这种机床无法直接加工除直线和圆弧以外的曲线，如渐开线、椭圆、双曲线、阿基米得螺旋线、抛物线等。对于这些非圆曲线轮廓，只有用直线或圆弧去逼近它，即将轮廓曲线按编程允许的误差分割成许多小段，再用直线或圆

弧去逼近这些小段。逼近线段与非圆曲线的交点或切点称为节点，对这种轮廓进行数学计算，其实质就是计算各节点的坐标。

一个已知曲线方程的节点数主要取决于所用逼近线段的形状（直线段还是圆弧）、曲线方程的特性以及所允许的逼近误差。将这三者利用数学关系求解，即可求得一系列节点坐标，并按节点划分程序段。下面介绍常用的直线逼近和圆弧逼近的数学处理方法。

1. 用直线逼近零件轮廓的节点计算

目前常用的节点计算方法主要有等间距法、等弦长法和等误差法。

（1）等间距法。

等间距法是最简单的一种方法，这种方法是使每个程序段的某一坐标增量相等，然后根据曲线的表达式求出各节点的坐标值。如图 1—9 所示，将曲线 $Y=F(X)$ 的 X 轴分成等间距，然后由起点开始，每次增加一个坐标增量值（间距），根据给定的 ΔX 求出 Xi，将 Xi 代入 $Y=f(X)$ 即可求出另一个坐标值 Yi。这样以此类推，直至求出曲线上所有相应节点的坐标值，并以该坐标值编制直线段程序。

这种方法的关键是确定间距值，该值应保证曲线 $Y=F(X)$ 相邻两节点连线间的法向距离小于允许的程序编制误差。在实际生产中，根据零件加工精度要求凭经验选取间距值。由于间距值 ΔX 应保证曲线曲率最大处的逼近误差小于允许值，所以程序可能过多。

（2）等弦长法。

这种方法是使所有逼近线段的弦长相等，如图 1—10 所示。由于零件轮廓曲线的曲率各处不等，因此各程序段的程序编制误差 δ 也不等，这就要使各程序段的最大误差 δ_{max} 小于允许误差 $\delta_{允}$，才能满足程序编制的精度要求。在用直线逼近曲线时，可以认为误差的方向是在曲线 $Y=F(X)$ 的法向，同时误差最大值发生在曲率半径最小处。

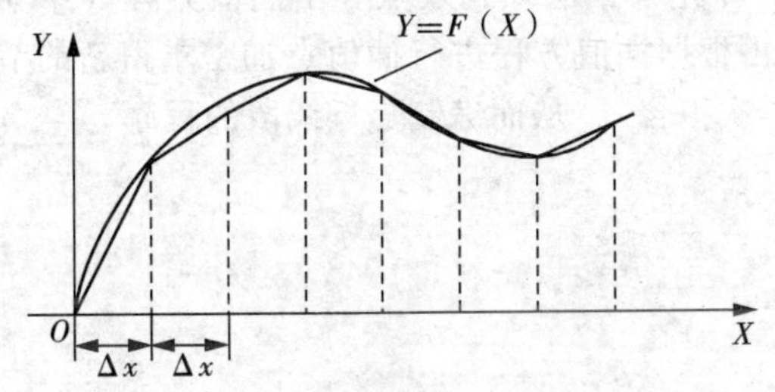

图 1—9　等间距直线逼近求节点

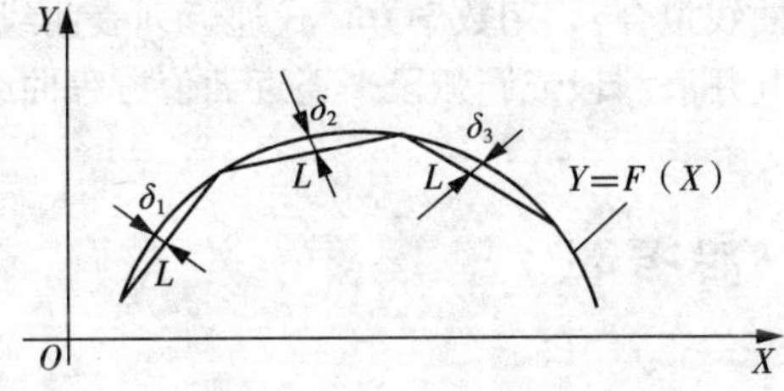

图 1—10　等弦长直线逼近求节点

等弦长法数学处理的步骤如下：

① 确定允许的弦长 L。由于最大误差必在曲率半径最小处，因此先确定曲率半径最小处，然后在该处按逼近误差小于或等于允许误差 $\delta_{允}$ 的条件求出允许的弦长 L，弦长$L=\sqrt{2R_{min}\delta}$。

② 用弦长分割轮廓曲线。以曲线起点 A 为圆心，作半径 L 的图交曲线 $Y=F(X)$ 于 B 点，求出点 B 的坐标。

③依次以 B、C、D、…为圆心，可求出其余各点的坐标值。

等弦长法计算简单，但插补段数多，计算量大，适用于程序不多、曲线各处的曲率半径相差不多的零件。

（3）等误差法。

等误差法是以直线拟合轮廓曲线时，使所有逼近线段的误差 δ 相等，并且小于或等于允许误差，如图 1—11 所示。用这种方法确定的各逼近线段长度不等，逼近线段数目较少，但其计算过程比较复杂，要由计算机辅助完成，算法也较多，而且还在发展中。

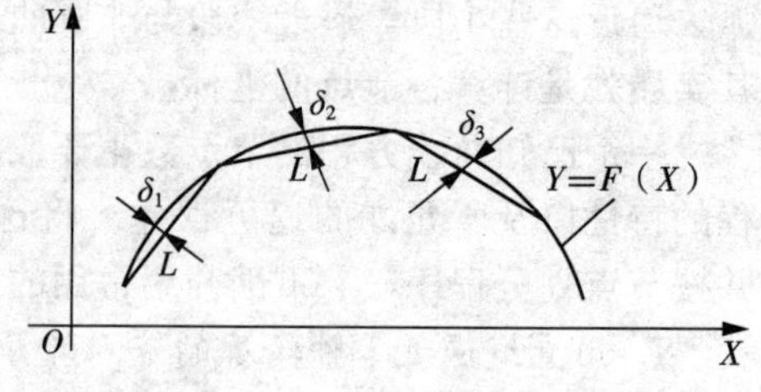

图 1—11　等误差法直线逼近求节点

2. 用圆弧逼近零件轮廓的节点计算

轮廓曲线 $Y=F$（X）也可以用圆弧来逼近，并使逼近误差小于或等于允许误差。用圆弧逼近法去逼近零件的轮廓曲线时，需求出每段圆弧的圆心、起点和终点的坐标，以及圆弧的半径。

用圆弧逼近曲线的方法有曲率圆法、三点作圆法、相切圆法等。其中，三点作圆法、相切圆法都要先用直线逼近方法求出各节点，再通过已知节点求出圆，计算较繁琐。三点作圆法是通过已知的三个节点求圆，并作为一个圆弧插补程序段；相切圆法是通过已知的四个节点分别作出两个相切的圆，编出两个插补程序段，这种方法逼近轮廓的相邻各圆弧是相切的。曲率圆法是一种等误差圆弧逼近法。

由于直线逼近的计算简便，故应用得较多。而在直线逼近的方法中，以等误差法的程序编制量最少。

3. 列表曲线平面轮廓的数学处理方法

列表曲线是指已经给出曲线上某些坐标，但没有给出方程，机械加工中很多轮廓曲线是用这种离散的列表点来描述的。当给出的列表曲线已密到不影响曲线的精度时，可直接在相邻列表点间用直线段或圆弧段编程，但实际上往往给出的只是很少几点，为保证精度，就要增加新的节点（也称插值）。

处理列表曲线的一般方法是采用二次拟合法。即先根据已知列表点导出插值方程（第一次曲线拟合），用数学方程式逼近列表曲线；然后再根据插值方程进行插值点加密求得新的节点（用直线段或圆弧段来逼近插值方程曲线，称二次拟合），从而编制逼近线段的程序。

思考题

1. 什么是机床坐标系，标准坐标系是如何规定的？
2. 试述机床原点和机床参考点的区别与联系。
3. 什么是工件坐标系？如何确定工件坐标系？
4. 试述机床坐标和工件坐标的区别与联系。
5. 举例说明程序的基本格式。
6. 简述程序指令的分类。
7. 编制数控程序应按照哪些步骤进行？

第2章　数控车床程序编制

2.1　数控车床编程基础

数控车床是当今应用较广泛的一种自动化程度高、结构复杂且又昂贵的数控加工设备，主要用于轴类、套类和盘类等回转体零件的加工。通过程序控制，能自动完成内外圆柱面、锥面、圆弧、螺纹等工序的切削加工，并能进行切槽、钻孔、扩孔、铰孔等加工工作。加工零件的尺寸精度可达IT5～IT6，表面粗糙度可达1.6 μm以下。

数控车床与普通车床相比，具有精度高、灵活、通用性好、生产率高、质量稳定、可靠性高、工艺能力强等优点，特别适合多品种、小批量形状复杂零件的加工，在生产中有着至关重要的地位。

数控车床种类繁多、规格不一，主要有数控卧式车床、数控立式车床和数控专用车床（如数控丝杠车床、数控曲轴车床等）；也可按照数控车床的档次分为简易数控车床、经济型数控车床、全功能型数控车床、精密数控车床、数控车削中心和FMC数控车床。本章主要以数控卧式车床为例来介绍其程序编制。

2.1.1　数控车床的编程特点

数控车床的主要编程特点如下：

（1）在一个程序段中，可以采用绝对值编程（用X、Z表示）、增量值编程（用U、W表示）或者二者混合编程。

（2）直径方向（X方向）用绝对值编程时，以X表示直径值；用增量值编程时，以径向实际位移量的二倍值表示，并附方向符号（正向可以省略）。系统默认为直径编程，也可以采用半径编程，但必须更改系统设定。

（3）X向的脉冲当量应取Z向的一半。

（4）车削加工毛坯余量较大时，为简化编程，数控装置常备有不同形式的固定循环，可以进行多次重复循环切削。

（5）编程时，常认为车刀刀尖是一个点，而实际上为了提高刀具寿命和工件表面质量。车刀刀尖常被磨成一个圆弧，因此，当编制加工程序时，需要考虑对刀具进行半径补偿。

2.1.2　数控车床的坐标系和参考点

数控车床的坐标系统分为机床坐标系和工件坐标系（编程坐标系），二者都必须符合右手法则。它们是以车床主轴轴线为Z轴，且规定从卡盘中心指向尾座顶尖中心，凸的方向为正方向（刀具远离工件），趋近卡盘（或者工件）的方向为其负方向；X轴取在水平面内，其位置与车床主轴轴线垂直，刀具远离主轴旋转中心的方向为其正方向，刀具靠近主轴旋转中心的方向为其负方向。

1. 机床坐标系

机床坐标系是机床固有的坐标系，它是制造和调整机床的基础，也是设置工件坐标系的基础。在机床经过设计、制造和调整后，机床坐标系就已经由机床生产厂家确定好了，一般情况下用户不能随意改动。

数控车床的坐标系规定如图 2—1 所示。它是以机床原点为坐标原点建立起来的。机床原点是机床上的一个固定点，数控车床的机床原点处于主轴旋转中心与卡盘后端面的交点，图 2—1 中点 O 即为机床原点。

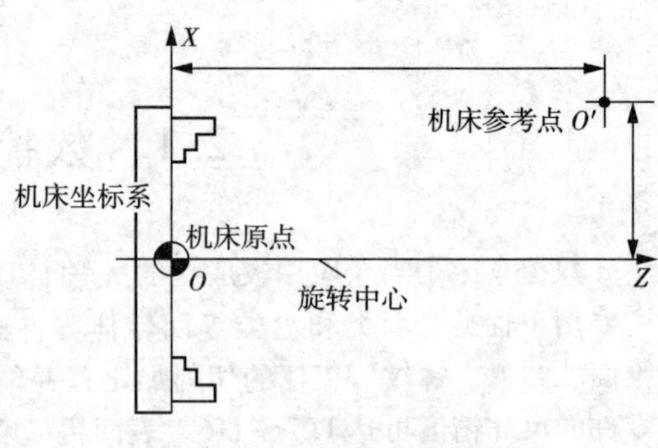

图 2—1　数控车床坐标系

2. 参考点

参考点也是机床上一个固定的点，它是刀具退到一个固定不变的位置。该点与机床原点的相对位置如图 2—1 所示（图中的 O'为参考点）。参考点的固定位置由 Z 向和 X 向的机械挡块或者电气装置来限定，一般设在车床正向最大极限位置。当进行回参考点（也叫回零）的操作时，装在纵向和横向滑板上的行程开关碰到相应的挡块后，就会向数控系统发出信号，由系统控制滑板停止运动，完成回参考点的操作。对操作者来说，参考点比机床原点更常用、更重要。

机床通电后，刀架返回参考点以前，不论刀架位于什么位置，此时 CRT 屏幕上显示的 Z 与 X 的坐标值均为零。当完成返回参考点的操作后，CRT 屏幕上则立即显示出此时刀架中心（对刀参考点）在机床坐标系中的位置，这就相当于在数控系统内部建立了一个以机床原点为坐标原点的机床坐标系。

2.1.3　工件坐标系和工件原点

工件坐标系是编程人员在程序编制中使用的坐标系，程序中的坐标值均以此坐标系为依据，因此又称为编程坐标系。在进行数控程序编制时，必须首先确定工件坐标系和坐标原点。

零件图样给出以后，首先应该找出图样上的设计基准点，图样上其他各尺寸都是以该基准来进行标注的。同时，在零件加工过程中有工艺基准，设计基准应尽量与工艺基准统一。一般情况下，将该基准称为工件原点。

以工件原点为坐标原点建立起来的坐标系称为工件坐标系。工件坐标系是人为设定的，从理论上讲，工件坐标系的坐标原点选在任何位置都是可以的，但在实际编程过程中，其设定的依据是既要符合图样尺寸的标注习惯，又要便于编程。所以，应合理设定工件坐标系。工件坐标系一旦建立便一直有效，直到被新的工件坐标系所取代。

工件坐标系设定后，CRT 屏幕上所显示的便是车刀刀尖相对工件原点的坐标值。在编程时，工件的各个尺寸坐标都是相对于工件原点而言的。因此，数控车床的工件原点也称为程序原点。

通常在车床上将工件原点选择在工件右端面与主轴回转中心的交点上，也可将工件原点选择在工件左端面与主轴回转中心的交点上，这样工件坐标系也就建立起来了。因为一般情况下，车刀是从右端向左端车削，所以将工件原点设在工件的右端面要比设定在工件的左端面换算尺寸方便。本章工件坐标系主要设定在工件的右端面。

如图 2—2 所示为数控车床上常用的以工件右端面中心为工件原点建立的工件坐标系。可见，工件坐标系的 Z 轴与主轴轴线重合，X 轴随工件原点的不同而异，各轴正方向与机床坐标系相同。

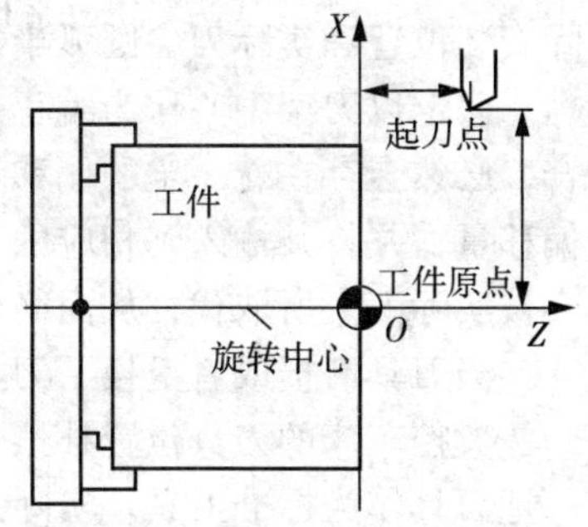

图 2—2　工件坐标系与工件原点

2.1.4　数控车床基本功能指令

不同的数控车床，其指令系统也不尽相同。此处以 FANUC 0i数控系统为例，介绍数控车床的基本编程指令。

基本功能指令通常称为准备功能指令，用 G 代码表示，称为 G 码编程，它是用地址字 G 和后面的两位数字来表示的，见表 2—1。

表 2—1　　准备功能指令

代码	功能	代码	功能
G00	快速点位移动	G54	选择工件坐标系 1
G01	直线插补	G55	选择工件坐标系 2
002	顺圆插补	G56	选择工件坐标系 3
G03	逆圆插补	G57	选择工件坐标系 4
G04	暂停	G58	选择工件坐标系 5
G10	可编程数据输入	G59	选择工件坐标系 6
G11	注销可编程数据输入	G65	宏程序调用
G18	*ZX* 平面选择	G66	宏程序模态调用
G20	英寸输入	G67	宏程序模态调用取消
G21	毫米输入	G70	精车循环
G22	存储行程检查接通	G71	轮廓粗车循环
G23	存储行程检查断开	G72	轮廓粗车循环
G27	返回参考点检查	G73	轮廓粗车循环
G28	返回参考点	G74	排屑钻端面孔
G30	返回第 2、第 3 和第 4 参考点	G75	外径内径钻孔
G31	跳转功能	G76	螺纹循环
G32	等螺距螺纹切削	G90	固定循环
G34	变螺距螺纹加工	G92	螺纹循环
G40	注销刀具半径补偿	G94	固定循环/每分钟进给
G41	刀具半径补偿（左）	G95	每转进给
G42	刀具半径补偿（右）	G96	恒表面切削速度控制
G50	工件坐标系的设立	G97	恒表面切削速度控制取消

2.1.5　数控车床的补偿功能

数控车床的补偿功能是其主要功能之一，它分为两大类，即刀具的位置补偿（亦称刀具尺寸补偿、轮廓补偿、偏置补偿）和刀尖圆弧半径补偿。这两类功能主要是用来补偿刀具实际安装位置和实际刀尖圆弧半径与理论编程位置和刀尖圆弧半径之差的一种功能。

假定以刀架中心作为编程起点，当实际刀具安装以后，由于实际刀尖与编程起点不能重合，必然会存在着一定的偏移量，其偏移值主要表现在 *X* 方向和 *Z* 方向。如果测量出这两个偏移量，并将其输入到相应的存储器中，当程序执行到刀具补偿功能时，原来的编程起点就会被实际刀尖所取代，从而简化了编程。

当刀具磨损或者更换了刀具以后，只要修正 *X* 方向和 *Z* 方向的偏移量即可自动实现补偿。

数控车床的刀具位置补偿包括刀具的几何补偿和磨损补偿。在实际编程时，通常都选用一把刀具作为标准刀具。实际刀具与标准刀具在 *X* 方向和 *Z* 方向的差值称为几何补偿；磨损补偿是指刀具磨损以后和实际值之间的偏差。

为了提高刀具强度和工件表面加工质量，延长刀具寿命，通常将车刀刀尖磨成圆弧状。在车削过程中，刀尖圆弧半径中心与编程轨迹会偏移一个刀尖圆弧半径值，用指令来补偿这种偏置功能，称为刀具半径补偿。这样，在编制程序时，不需要重新计算刀尖半径中心轨迹，只要按照工件轮廓编程即可。

刀具位置补偿一般是用 T 代码来实现的。刀具半径补偿一般是用 G 代码来实现的。系统对刀具的补偿或者取消，都是通过滑板的移动来实现的。

2.2　数控车床 G 代码应用

2.2.1　坐标系设定

当工件安装在卡盘上以后，机床坐标系一般和工件坐标系是不重合的，数控系统并不知道用户的编程坐标系在什么位置，因此，编程人员必须建立工件坐标系，使刀具在此坐标系中进行加工。

1. 用 G50 指令设定工件坐标系

用 G50 指定设定工件坐标系时，其书写格式为：

G50 X_ Z_；

如图 2—3 所示，*P* 点是开始加工时刀尖的起始点。

若设定 *XOZ* 为工件坐标系，则程序段为：

G50 X121. 8 Z33. 9；

若设定 *X′O′Z* 为工件坐标系，则程序段为：

G50 X121. 8 Z109. 7；

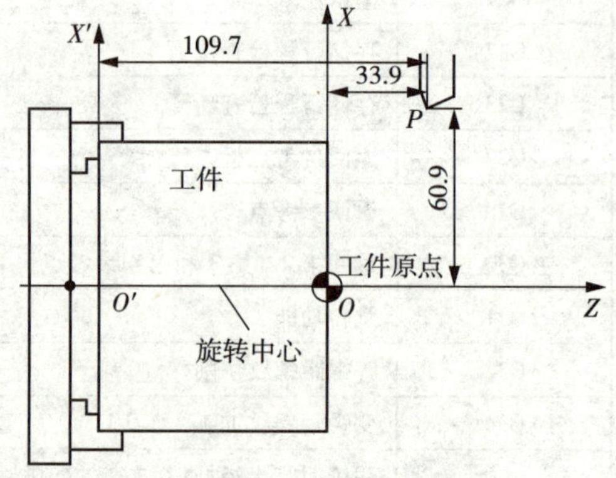

图 2—3　数控车床工件坐标系的设定

可见，用 G50 指令设定工件坐标系，就是将刀具的起点在工件坐标系中的位置指定出来，数控系统内部就对该位置进行记忆，并显示在显示器上，这就相当于在系统内部建立了以工件原点为坐标原点的工件坐标系。从上述例子中我们清楚地看到，*X*、*Z* 的尺寸不同，所设定的工件坐标系也不同。

在这里一定要注意，*X* 方向的尺寸是坐标值的 2 倍，这种编程方法称为直径编程。另外，G50 是模态指令，设定后一直有效。实际加工时，当数控系统执行 G50 指令时，刀具并不产生运动，G50 指令只是起预置寄存作用，用来存储工件原点在机床坐标系中的位置坐标。

2. 工件坐标系的选择指令 G54 ~ G59

使用 G54 ~ G59 指令，可以在机床行程范围内设置 6 个不同的工件坐标系。这些指令和 G50 指令相比，在使用时有很大区别。用 G50 指令设定工件坐标系，是在程序中用程序段中的坐标值直接进行设置；而用 G54 ~ G59 指令设置工件坐标系时，必须首先将 G54 ~ G59 的坐标值设置在原点偏置寄存器中，编程时再分别用 G54 ~ G59 指令调用，在程序中只写 G54 ~ G59 指令中的一个指令。

例如，用 G54 指令设定如图 2—4 中所示的工件坐标系。首先设置 G54 原点偏置寄存器：

G54 X0 Z85.0；

然后再在程序中调用：

N010 G54；

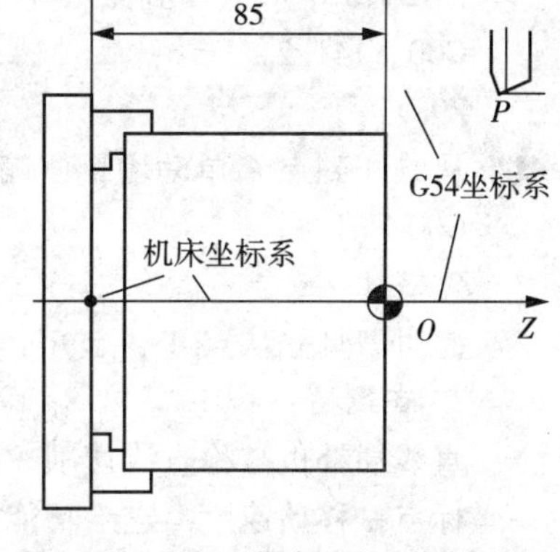

图 2—4　用 G54 指令设定工件坐标系

显然，对于多工件原点设置，采用 G54 ~ G59 原点偏置寄存器存储所有工件原点与机床原点的偏置量，然后在程序中直接调用 G54 ~ G59 指令进行原点偏置是很方便的。因为一次对刀就能加工一批工件，刀具每加工完一件后可回到任意一点，且不需再对刀，避免了加工每件都对刀的操作，所以大批量生产主要采用此种方式。

2.2.2　基本指令 G00、G01、G02、G03、G04 和 G28

必须注意，在数控车床的程序中，*X*、*Z* 后面跟的是绝对尺寸，*U*、*W* 后面跟的是增量尺寸。*X*、*Z* 后所有编入的坐标值全部以编程原点为基准，*U*、*W* 后所有编入的坐标值全部以刀具前一个坐标位置作为起始点来计算。

1. 快速点位移动 G00

格式：G00 X（U）_ Z（W）_；

其中，*X*（*U*）、*Z*（*W*）为目标点坐标值。

说明：

（1）执行该命令时，刀具以机床规定的进给速度从所在点以点位控制方式移动到目标点。移动速度不能由程序指令设定，它的速度已由生产厂家预先调定。若编程时设定了进给速度 *F*，则对 G00 程序段无效。

（2）G00 为模态指令，只有遇到同组指令才会被取替。

（3）*X*，*Z* 后面跟的是绝对坐标值，*U*，*W* 后面跟的是增量坐标值。

（4）*X*，*U* 后面的数值应乘以 2，即以直径方式输入，且有正负号之分。

如图 2—5 所示，要实现从起点 *A* 快速移动到目标点 *C*。

其绝对值编程方式为：G00 X141.2 Z98.1；

其增量值编程方式为：G00 U91.8 W73.4；

执行上述程序段时，刀具实际的运动路线不是一条直线，而是一条折线，首先刀具从点 *A* 以快速进给速度运动到点 *B*，然后再运动到点 *C*。因此，在使用 G00 指令时要注意刀具是否和工件及夹具发生干涉，对不适合联动的场合，两轴可单动。如果忽略这一点，就容易发生碰撞，而在快速状态下的碰撞是更加危险的。

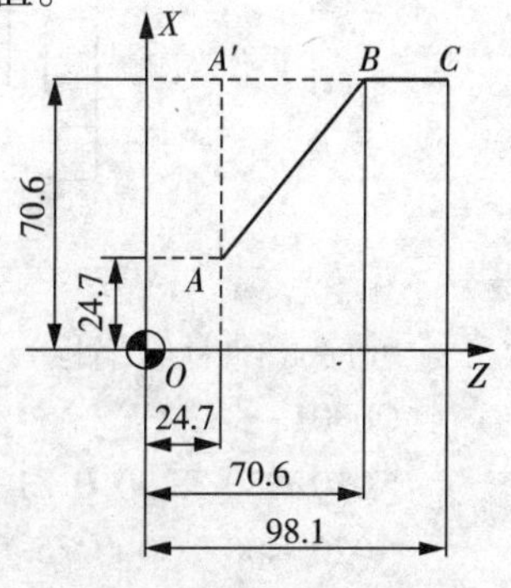

图 2—5　快速点定位

图 2—5 中从点 *A* 到点 *C* 单动绝对值编程方式如下：

G00 X141. 2；

Z98. 1；

从点 *A* 到点 *C* 单动增量值编程如下：

G00 U91. 8；

W73. 4；

此时刀具先从点 *A* 到点 *A*′，然后从点 *A*′先到达点 *C*。

2. 直线插补 G01

直线插补也被称直线切削，该指令使刀具以直线插补运算联动方式由某坐标点移动到另一坐标点，移动速度由进给功能 F 来设定。机床执行 G01 指令时，如果之前的程序段中无 F 指令，在该程序段中必须含有 F 指令。G01 和 F 都是模态指令。

格式：G01 X（U）_ Z（W）_ F；

其中，*X*（*U*）、*Z*（*W*）为目标点坐标，*F* 为进给速度。

说明：

（1）G01 指令是模态指令，可加工任意斜率的直线。

（2）G01 指令后面的坐标值取绝对尺寸还是取增量尺寸，由尺寸地址决定。

（3）G01 指令进给速度由模态指令 F 决定。如果在 G01 程序段之前的程序段中没有 F 指令，而当前的 G01 程序段中也没有 F 指令，则机床不运动，机床倍率开关在 0% 位置时机床也不运动。因此，为保险期间 G01 程序段中必须含有 F 指令。

（4）G01 指令前若出现 G00 指令，而该句程序段中未出现 F 指令，则 G01 指令的移动速度按照 G00 指令的速度执行。

【例 2—1】 加工如图 2—6 所示的零件，选右端面点 *O* 为编程原点。

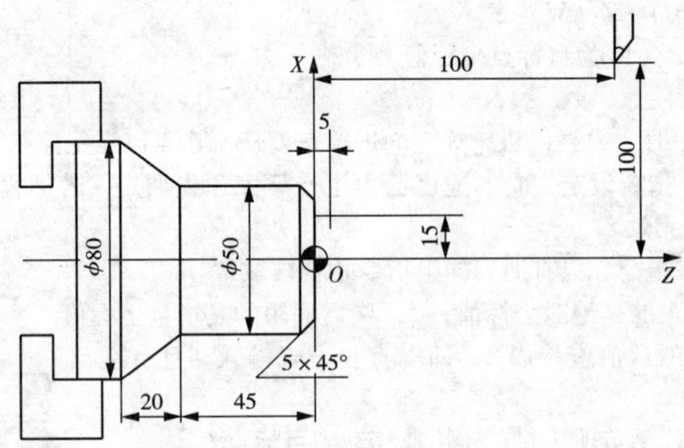

图 2—6　直线插补

程序（绝对值编程）如下：

O0301；

N010 G50 X200. 0 Z100. 0；

N020 G00 X30. 0 Z5. 0 S800 T0101 M03；

N030 G01 X50. 0 Z-5. 0 F1. 3；

N040 Z-45.0；

N050 X80.0 Z-65.0；

N060 G00 X200.0 Z100.0 T0100；

N070 M05；

N080 M02；

程序（增量值编程）如下：

O0312；

N010 G00 U-170.0 W-95.0 S800 T0101 M3；

N020 G01 U20.0 W-10.0 F1.3；

N030 W-40.0；

N040 U30.0 W-20.0；

N050 G00 U120.0 W165.0 T0100；

N060 M05；

N070 M02；

3. 圆弧插补 G02、G03

圆弧插补指令使刀具在指定平面内按给定的进给速度作圆弧运动，切削出母线为圆弧曲线的回转体。顺时针圆弧插补用 G02 指令，逆时针圆弧插补用 G03 指令。

数控车床是两坐标的数控机床，只有 *X* 轴和 *Z* 轴，在判断圆弧的逆、顺时，应按右手定则将 *Y* 轴也加上去考虑。观察者让 *Y* 轴的正向指向自己，即可判断圆弧的逆、顺方向。应该注意前置刀架与后置刀架的区别。

加工圆弧时，经常有两种方法，一种是采用圆弧的半径和终点坐标来编程，另一种是采用分矢量和终点坐标来编程。

（1）用圆弧半径 *R* 和终点坐标进行圆弧插补。

格式：G18 G02（G03）X（U）_ Z（W）_ R_ F_；

其中：*X*（*U*）和 *Z*（*W*）为圆弧的终点坐标值，绝对值编程方式下用 *X* 和 *Z*，增量值编程方式下用 *U* 和 *W*。

R 为圆弧半径，由于在同一半径的情况下，从圆弧的起点 *A* 到终点 *B* 有两个圆弧的可能性，为区分两者，规定圆弧对应的圆心角小于等于 180°时，用“+*R*”表示；反之，用“-*R*”表示。如图 2—7 中的圆弧 1，所对应的圆心角为 120°，所以圆弧半径用“+20”表示；如图 2—7 中的圆弧 2，所对应的圆心角为 240°，所以圆弧半径用“-20”表示。

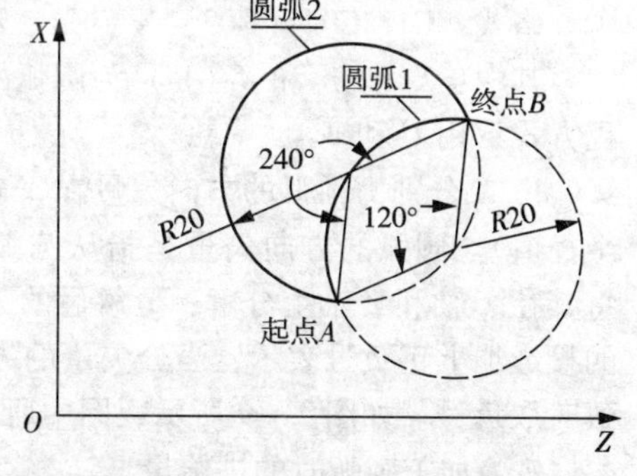

图 2—7　圆弧插补时的半径处理

F 为加工圆弧时的进给量。

【例 2—2】如图 2—8 所示零件，试编制加工程序。

程序如下：

O0302；

N001 G50 X100.01 Z52.7；

N002 S800 M03；

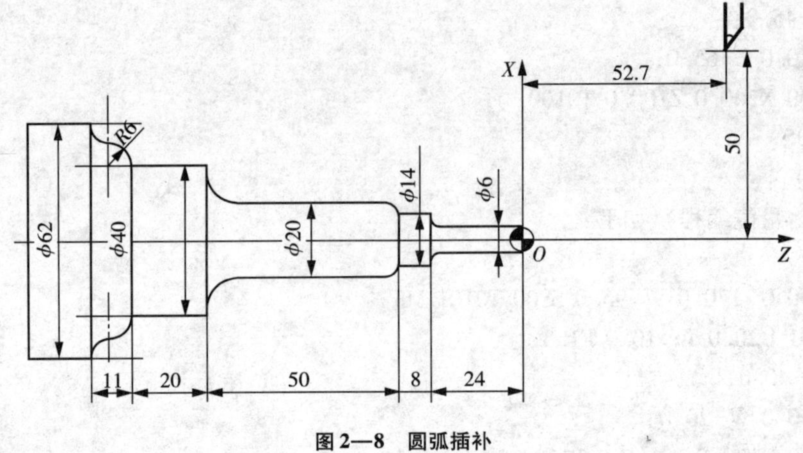

图 2—8　圆弧插补

```
N003 G00 X6.0 Z2.0;
N004 G01 Z-20.0 F1.3;
N005 G02 X14.0 Z-24.0 R4.0;
N006 G01 W-8.0;
N007 G03 X20.0 W-3.0 R3.0;
N008 G01 W-37.0;
N009 G02 U20.0 W-10.0 R10.0;
N010 G01 W-20.0;
N011 G03 X52.0 W-6.0 R6.0;
N012 G02 U10.0 W-5.01 R5.0;
N013 G00 X100.0 Z52.7;
N014 M05;
N015 M02;
```

（2）用分矢量和终点坐标进行圆弧插补。

格式：G18 G02（G03）X（U）_ Z（W）_ I_ J_ K_；

其中：*X*（*U*）和 *Z*（*W*）为圆弧的终点坐标值，绝对值编程方式下用 *X* 和 *Z*，增量值编程方式下用 *U* 和 *W*。

I、*K* 分别为圆弧的方向矢量在 *X* 轴和 *Z* 轴上的投影（*I* 为半径值）。圆弧的方向矢量是指从圆弧起点圆心的矢量，然后将其在 *X* 轴和 *Z* 轴上分解，分解后的矢量用其在 *X* 轴和 *Z* 轴上的投影加上正负号表示，当分矢量的方向与坐标轴的方向不一致时取负号。如图 2—9 所示，图中所示 *I* 和 *K* 均为负值。

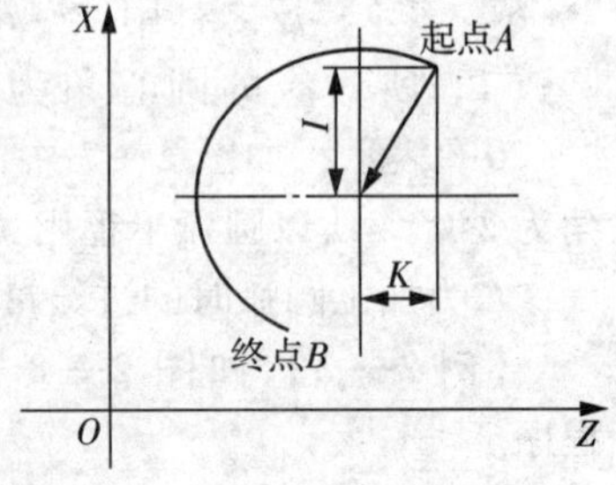

图 2—9　圆弧方向矢量和分矢量

F 为加工圆弧时的进给量。

【例 2—3】图 2—8 所示零件，用分矢量加工圆弧所编程序如下：

```
O0304;
N001 G50 X100.07 Z52.7;
N002 S800 M03;
```

N003 G00 X6.0 Z2.0;
N004 G01 Z-20.0 F1.3;
N005 G02 X14.0 Z-24.0 I4.0 K0;
N006 G01 W-8.0;
N007 G03 X20.0 W-3.0 I0 K-30.0;
N008 G01 W-37.0;
N009 G02 U20.0 W-10.0 I10.0 K0;
N010 G01 W-20.0;
N011 G03 X52.0 W-6.0 I0 K-6.0;
N012 G02 U10.0 W-5.0 I5.0 K0;
N013 G00 X100.0 Z52.7;
N014 M05;
N015 M02;

（3）进行圆弧插补时的注意问题。

① 分清圆弧的加工方向，确定是顺时针圆弧，还是逆时针圆弧。

② 顺时针圆弧用 G02 加工，逆时针圆弧用 G03 加工。

③ 数控车床开机后自动进入 *XZ* 坐标平面状态，故 G18 可以省略。

④ *X*、*Z* 后跟绝对尺寸，表示圆弧终点的坐标值；*U*、*W* 后跟增量尺寸，表示圆弧终点相对于圆弧起点的增量值。

⑤ 用分矢量和终点坐标来加工圆弧时，应注意 *I* 虽然处于 *X* 方向，但是采用半径编程，即 *I* 的实际值不用乘以 2。

⑥ 当 *I* 和 *K* 的值为零时，可以省略不写。

整圆编程时常用分矢量和终点坐标来加工，如果用圆弧半径 *R* 和终点坐标来进行编程，则整圆必须被打断成至少两段圆弧才能进行。可见，加工整圆用分矢量和终点坐标编程较为简单。

4. 暂停指令 G04

格式：G04 X（P）_；

其中，*X*（*P*）为暂停时间。*X* 后用小数表示，单位为 s；*P* 后用整数表示，单位为 ms。如 G04 X2.0 表示暂停 2 s，G04 P1000 表示暂停 1 000 ms。

G04 指令常用于车槽、镗平面、孔底光整以及车台阶轴清根等场合，可使刀具作短时间的无进给光整加工，以提高表面加工质量。执行该程序段后暂停一段时间，当暂停时间过后，继续执行下一段程序。

G04 指令为非模态指令，只在本程序段有效。

例如，图 2—10 为车槽加工，采用 G04 指令时主轴不停止转动，刀具停止进给 3 s。

程序如下：

G01 U-8.0 F0.8;
G04 X3.0;
G00 U8.0;

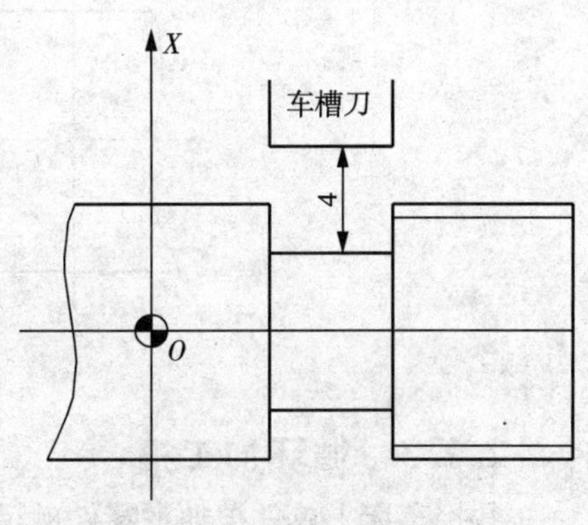

图 2—10　G04 指令的应用

5. 返回参考点指令 G27、G28

参考点是机床上一个固定的点，通过参考点返回功能，刀具可以容易地移动到该位置。通常情况下，接通电源后，首先执行手动返回参考点，然后，利用自动返回参考点功能，移动刀具到参考点进行换刀。

（1）返回参考点检查指令 G27。

返回参考点检查是这样一种功能，它检查刀具是否能正确地返回参考点。如果刀具能正确地沿着指定的轴返回到参考点，则该轴参考点返回灯亮。但是，如果刀具到达的位置不是参考点，则机床报警。

格式：G27 X_ Z_；

其中，*X*、*Z* 为参考点坐标值。

G27 指令是以快速移动速度定位刀具。当机床锁住接通时，即使刀具已经自动返回到参考点，返回完成时指示灯也不亮。在这种情况下，即使指定了 G27 命令，也不检查刀具是否已返回到参考点。

必须注意的是，执行 G27 指令的前提是机床在通电后刀具返回过一次参考点（手动返回或者用 G28 指令返回）。此外，使用该指令时，必须预先取消刀具补偿的量。

执行 G27 指令之后，如欲使机床停止，须加入辅助功能指令 M00，否则，机床将继续执行下一个程序段。

（2）自动返回参考点指令 G28。

G28 指令可以使刀具从任何位置以快速点定位方式经过中间点返回参考点。

格式：G28 X_ Z_；

其中，*X*、*Z* 是中间点的坐标值。

执行该指令时，刀具先快速移动到指令值所指定的中间点，然后自动返回参考点，相应坐标轴指示灯亮。

和 G27 指令相同，执行 G28 指令前，应取消刀具补偿功能。

G28 指令的执行过程如图 2—11 所示。

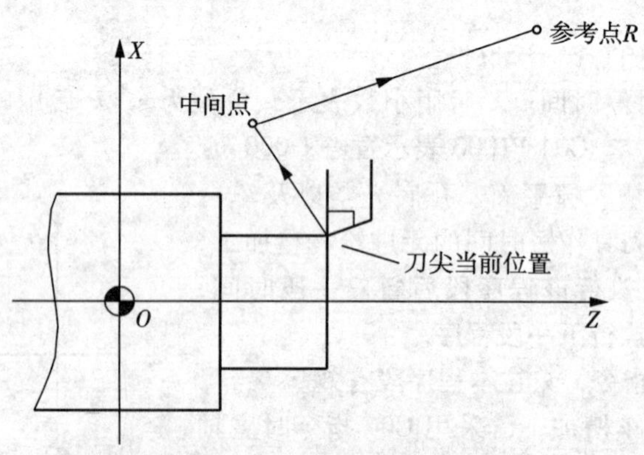

图 2—11　自动返回参考点

2.2.3　循环加工指令

数控车床上单件被加工零件的毛坯常用棒料，所以车削加工时加工余量大，一般需要多次重复循环加工，才能车去全部加工余量。为了简化编程，数控车床系统常具备一些循环功能。

1. 外径、内径切削循环指令 G90

G90 指令可实现车削内、外圆柱面和圆锥面的自动固定循环。

G90 指令车削内、外圆柱面时的程序段格式如下：

G90 X（U）_ Z（W）_ F_；

切削过程如图 2—12 所示。图中，R 表示快速移动，F 表示进给运动，加工顺序按 1、2、3、4 进行。*U*、*W* 表示增量值。

在增量编程中，地址 *U* 和 *W* 后面数值的符号取决于轨迹 1 和轨迹 2 的方向。在图 2—12 中，*U* 和 *W* 后的数值取负号。

图 2—13 所示为 G90 的编程举例。

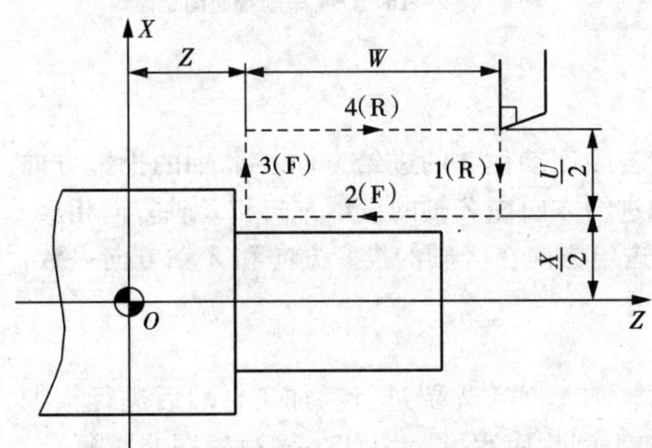

图 2—12　G90 为车削圆柱表面固定循环

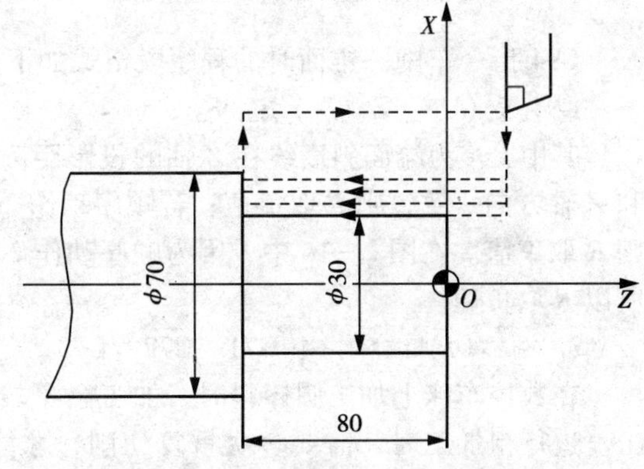

图 2—13　G90 车削圆柱表面固定循环实例

程序如下：

G90 X60. 0 Z-80. 0 F1. 3；

X50. 0；

X40. 0；

X30. 0；

G90 指令车削圆锥面时的程序段格式如下：

G90 X（U）_ Z（W）_ I_ F_；

其中，*I* 为锥体大端和小端的半径差。若工件锥面起点坐标大于终点坐标时，*I* 后的数值符号取正，反之取负，该值在此处采用半径编程。

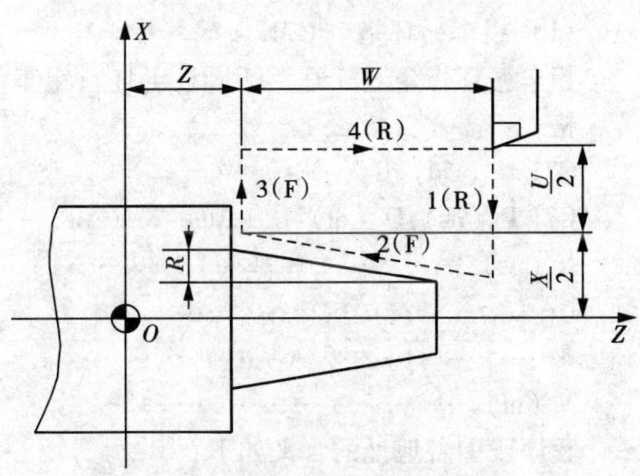

图 2—14　G90 车削圆锥表面固定循环

切削过程如图 2—14 所示。

2. 端面车循环指令 G94

G94 指令可实现端面加工固定循环。切削过程如图 2—15 所示。图中，R 表示快速移动，F 表示进给运动，加工顺序按 1、2、3、4 进行。

格式：G94 X（U）_ Z（W）_ F_；

用 G94 指令也可实现锥面加工固定循环。切削过程如图 2—16 所示。

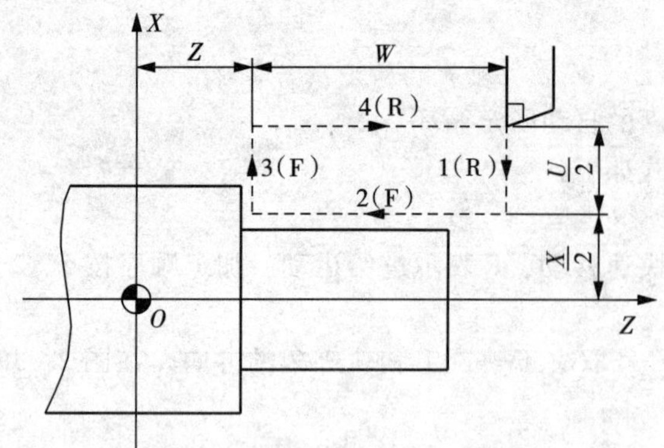

图 2—15　G94 车削端面固定循环

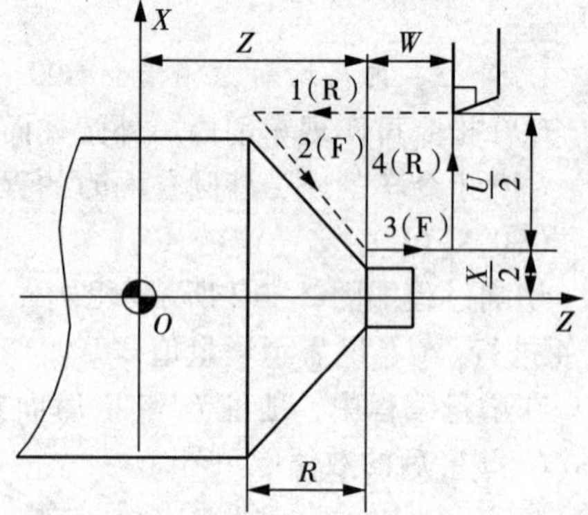

图 2—16　C94 车削锥面固定循环

G94 指令车削圆锥面时的程序段格式如下：

G94 X （U）_ Z （W） R_ F_；

其中，*R* 为端面斜度线在 *Z* 轴的投影距离。若顺序动作 2 的进给方向在 *Z* 轴的投影方向和 *Z* 轴方向一致，则 *R* 取负值；若顺序动作 2 的进给方向在 *Z* 轴的投影方向和 *Z* 轴方向相反，则 *R* 取正值。在图 2—16 中，因为顺序动作 2 的进给方向在 *Z* 轴的投影方向和 *Z* 轴方向一致，所以 *R* 取负值。

3. 轮廓切削循环指令 G71、G72、G73、G70

在数控车床上加工圆棒料时，加工余量较大，加工时首先要进行粗加工，然后进行精加工。进行粗加工时，需要多次重复切削，才能加工到规定尺寸。因此，编制程序非常复杂。应用轮廓切削循环指令，只需指定精加工路线和粗加工的切削深度，数控系统就会自动计算出粗加工路线和加工次数，因此可大大简化编程。

（1）粗车循环指令 G71。

粗车循环指令 G71 适用于圆柱毛坯料粗车外径和圆筒毛坯料粗车内径。

格式：

G71 U （Δd） R （e）；

G71 P （ns） Q （nf） U （Δu） W （Δw） F （f） S （s） T （t）；

N （ns） ……………………………………

………………………………………………

………………………………………………

N （nf） …………………………………

程序段中各地址的含义如下：

Δ*d*：切削深度（半径给定），没有正、负号。切削方向取决于 *AA′* 方向。该值是模态的，直到其他值指定以前不改变。

e：退刀量，由参数设定。该值是模态的，直到其他值指定以前不改变。

ns：精加工程序中的第一个程序段的顺序号。

nf：精加工程序中的最后一个程序段的顺序号。

Δ*u*：*X* 轴方向的精车余量，直径编程。

Δ*w*：*Z* 轴方向的精车余量。

F、*S*、*T*：仅在粗车循环程序段中有效，在顺序号 ns 至 nf 程序段中无效。

G71 一般用于加工轴向尺寸较长的零件，即所谓的轴类零件，在切削循环过程中，刀具是沿 X 方向进刀，平行于 Z 轴切削。

G71 的循环过程如图 2—17 所示，图中 C 为粗加工循环的起点，A 是毛坯外径与端面轮廓的交点。只要给出 $AA'B$ 之间的精加工形状及径向精车余量 $\Delta u/2$，轴向精车余量 Δw 及切削深度 Δd 就可以完成 $AA'BA$ 区域的粗车工序。

注意，在从 A 到 A'的程序段，不能指定 Z 轴的运动指令。

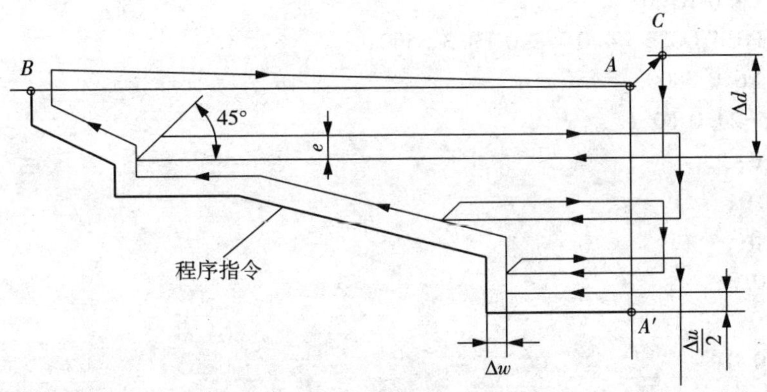

图 2—17　G71 粗车循环过程

（2）精车循环指令 G70。

用 G71 指令完成粗车循环后，使用 G70 指令可实现精车循环。精车时的加工量是粗车循环时留下的精车余量，加工轨迹是工件的轮廓线。

格式：G70 P（ns）Q（nf）;

其中 ns 和 nf 的含义与粗车循环指令中的含义相同。

注意：在 G71 程序段中规定的 F、S、T 对于 G70 无效，但在执行 G70 时顺序号 ns 至 nf 程序段之间的 F、S、T 有效；当 G70 循环加工结束时，刀具返回到起点并读下一个程序段；G70 到 G71 中 ns 至 nf 程序段不能调用子程序。

【例 2—4】图 2—18 是采用粗车循环指令 G71 和精车循环指令 G70 的加工举例。毛坯为棒料，直径是 ϕ62 mm，刀具从点 P 开始，先走到点 C（即循环起点），然后开始粗车循环。

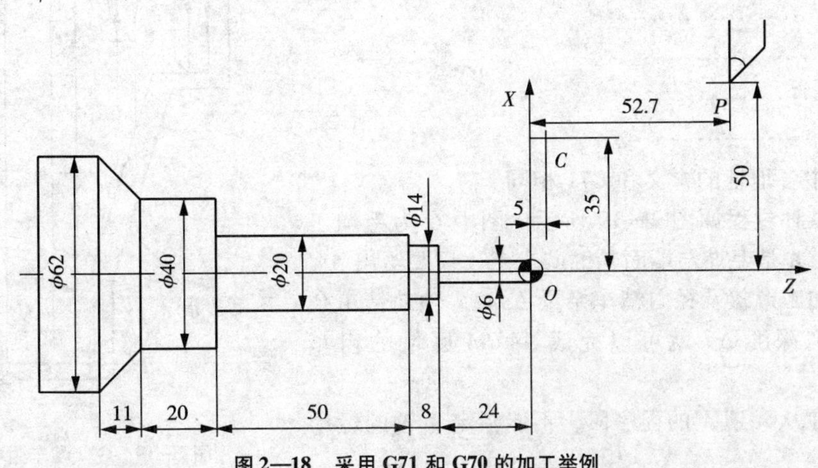

图 2—18　采用 G71 和 G70 的加工举例

每次粗车循环深度为4 mm，退刀量为1 mm，进给量为0.3 mm/r，主轴转速为500 r/min，径向加工余量和横向加工余量均为2 mm，精加工时进给量为0.15 mm/r，主轴转速为800 r/min。

程序如下：

```
O0305;
N010 G50 X100.0 Z52.7;
N011 G00 X70.0 Z5.0 M03 S800;
N012 G71 U4.0 R1.0;
N013 G71 P014 Q022 U4.0 W2.0 F0.3 S500;
N014 G00 X6.0 S800;
N015 G01Z-24.0 F0.15;
N016 X14.0;
N017 W-8.0;
N018 X20.0;
N019 W-50.0;
N020 X40.0;
N021 W-20.0;
N022 X62.0 W-11.0;
N023 G70 P014 Q022;
N024 G00 X100.0 Z52.7;
N025 M05;
N026 M30;
```

（3）平端面粗车循环指令G72。

平端面粗车循环指令G72一般用于加工端面尺寸较大的零件，即所谓的盘类零件，在切削循环过程中，刀具是沿 Z 方向进刀，平行于 X 轴切削。

格式：

G72 W（Δd）R（e）；

G72 P（ns）Q（nf）U（Δu）W（Δw）F（f）S（s）T（t）；

N（ns）…………………

………………………

………………………

N（nf）…………………

程序段中各地址的含义和G71相同。

G72的循环过程如图2—19所示。图中 C 为粗加工循环的起点，A 是毛坯与端面轮廓的交点。只要给出 $AA'B$ 之间的精加工形状及径向精车余量 $\Delta u/2$、轴向精车余量 Δw 及切削深度 Δd 就可以完成 $AA'BA$ 区域的粗车工序。

注意，在从 A 到 A' 的程序段，不能指定 X 轴的运动指令。

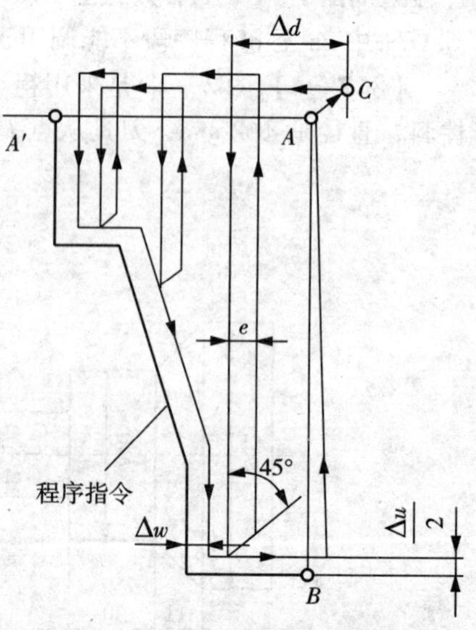

图2—19　G72粗车循环过程

【例 2—5】图 2—20 是采用平端面粗车循环指令 G72 和精车循环指令 G70 的加工举例。毛坯为棒料，直径是 ϕ160 mm，刀具从点 P 开始，先走到点 C（即循环起点），然后开始粗车循环。每次粗车循环深度为 7 mm，退刀量为 1 mm，进给量为 0.3 mm/r，主轴转速为 550 r/min，径向加工余量和横向加工余量均为 2 mm，精加工时进给量为 0.1 mm/r，主轴转速为700 r/min。

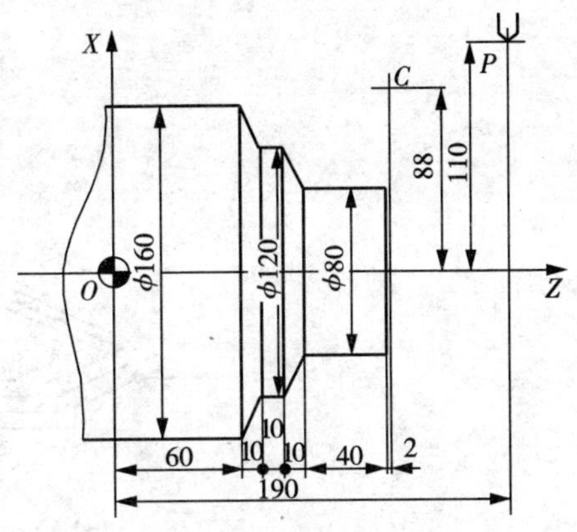

图 2—20　采用 G71 和 G70 的加工举例

程序如下：

```
O0306;
N010 G50 X220.0 Z190.0;
N011 G00 X176.0 Z132.0 M03 S800;
N012 G72 W7.0 R1.0;
N013 G72 P014 Q018 U4.0 W2.0 F0.3 S550;
N014 G00 Z56.0 S700;
N015 G01 X120.0 Z70.0 F0.15;
N016 W10.0;
N017 X80.0 W10.0
N018 W42.0;
N019 G70 P014 Q018;
N020 G00 X220.0 Z190.0;
N021 M05;
N022 M30;
```

（4）型车复循环指令 G73。

型车复循环指令 G73 指令可以切削固定的图形，适合切削固定的图形，适合切削铸造成型或者已粗车成型的工件。当毛坯轮廓形状与零件轮廓形状基本接近时，用该指令比较方便。

格式：

```
G73 U (Δi) W (Δk) R (d):
G73 P (ns) Q (nf) U (Δu) W (Δw) F (f) S (s) T (t);
N (ns) ………………
………………………
………………………
N (nf) ……………….
```

程序段中各地址的含义如下：

Δi：X 方向退刀量的距离和方向（半径指定），该值是模态的，在其他值指定以前不改变。

ΔK：Z 方向退刀量的距离和方向，该值是模态的，在其他值指定以前不改变。小分割数，此值与粗切重复次数相同，该值是模态的，在其他值指定以前不改变。程序段中其他各地址的含义和 G71 相同。

G73 的循环过程如图 2—21 所示。加工循环结束时，刀具返回到点 A。

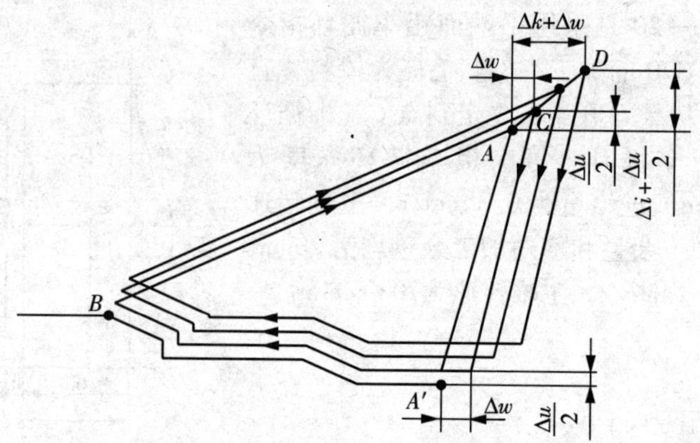

图 2—21　G73 粗车循环过程

【例 2—6】图 2—22 为 G73 循环加工实例。图中，X 方向（单边）和 Z 方向需要粗加工切除 12 mm，X 方向（单边）和 Z 方向需要精加工切除 2 mm，退刀量为 1 mm。

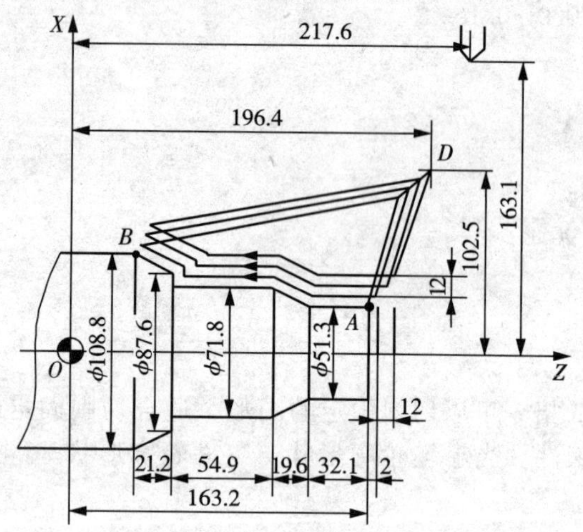

图 2—22　G73 粗车循环加工实例

程序如下：

```
O0307;
N010 G50 X326. 2 Z217. 6;
N020 G00 X205. 0 Z196. 4 S800 M03;
N030 G73 U12. 0 W12. 0 R3;
N040 G73 P050 Q100 U4. 0 W2. 0 F0. 3 S500;
N050 G00 G51. 3 Z163. 2;
N060 G01 W-32. 1 F0. 15 S700;
N070 X71. 8 W-19. 6;
N080 W-54. 9;
N090 X87. 6;
N100 X108. 8 W-21. 2;
```

```
N110 G70 P050 Q100;
N120 G28 X280.0 Z200.0
N130 M05;
N140 M30;
```

2.2.4　螺纹加工指令

1. 等螺距螺纹切削指令 G32

G32 指令可以加工圆柱螺纹和圆锥螺纹。它和 G01 指令的根本区别是：它在使刀具直线移动的同时，能使刀具的移动和主轴保持同步，即主轴转一周，刀具移动一个导程；而 G01 指令刀具的移动和主轴的旋转位置不同步，用来加工螺纹时会产生乱牙现象。

用 G32 加工螺纹时，由于机床伺服系统本身具有滞后特性，会在起始段和停止段发生螺纹的螺距不规则现象，故应考虑刀具的引入长度和超越长度，整个被加工螺纹的长度应该是引入长度、超越长度和螺纹长度之和，如图 2—23 所示。

格式：G32 X_ Z_ F_ ;

其中，X、Z 为螺纹终点坐标，F 为导程。若程序段中没有指定 X，则加工圆柱螺纹；若程序段中指定了 X，则加工圆锥螺纹。

通常情况下，加工螺纹时沿着同样的刀具轨迹从粗切到精切重复进行。因为螺纹切削是在主轴上的位置编码器输出一转信号时开始的，所以螺纹切削是从固定点开始且刀具在工件上的轨迹不变而重复切削螺纹。注意主轴转速从粗切到精切必须保持恒定，否则螺纹导程不准确。

另外，如果不停止主轴而停止螺纹切削，则刀具进给是非常危险的，这会突然增加切削深度。因此，在螺纹切削时进给暂停功能无效。

【例 2—7】图 2—24 为圆柱螺纹加工实例，螺距为 4 mm，第一次和第二次单边切削量均为1 mm，引入长度为 3 mm，超越长度为 1.5 mm。

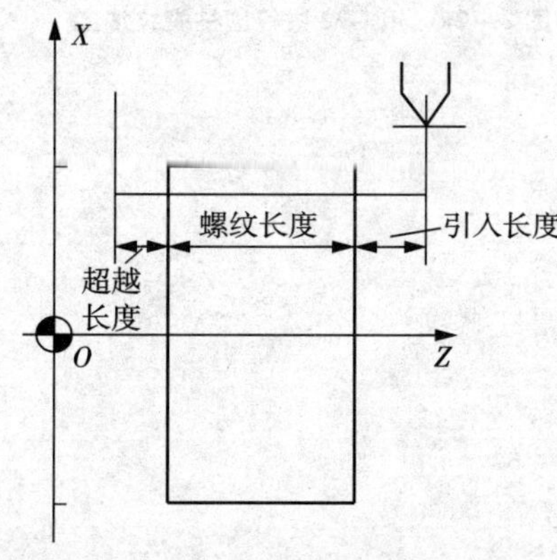

图 2—23　螺纹加工

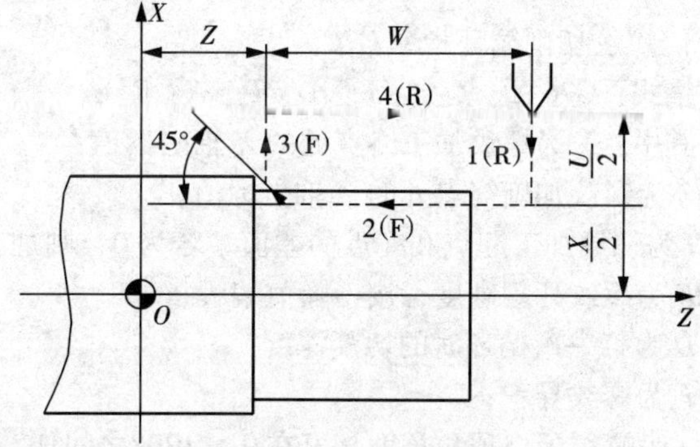

图 2—24　圆柱螺纹

程序如下：

```
O0308;
N020 G00 U-62.0;
N021 G32 W-74.5 F4.0;
N022 G00 U62.0;
```

```
N023 W74.5;
N024 U-64.0;
N025 G32 W-74.5
N026 G00 U64.0;
N027 W74.5;
```

2. 简单螺纹切削循环指令 G92

简单螺纹切削循环指令 G92 可以用来加工圆柱螺纹和圆锥螺纹。该指令的循环路线与前述的 G90 指令基本相同，只是 F 后面的进给量改为螺纹导程即可。

格式：G92 X（U）_ Z（W）_ R_ F_；

其中，*X*、*Z* 为螺纹终点坐标值，*U*、*W* 为螺纹起点坐标到终点坐标的增量值，*R* 为锥螺纹大端和小端的半径差。若工件锥面起点坐标大于终点坐标时，*R* 后的数值符号取正，反之取负，该值在此处采用半径编程。如果加工圆柱螺纹，则 $R=0$，此时可以省略。切削完螺纹后退刀按照 45°退出。

圆柱螺纹切削的走刀路线如图 2—25 所示。圆锥螺纹切削的走刀路线如图 2—26 所示。

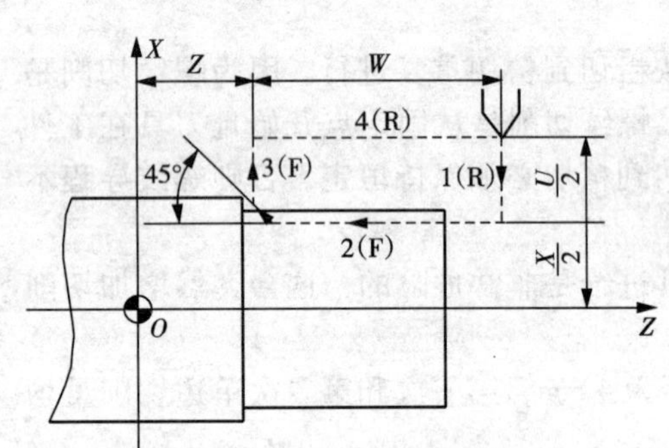

图 2—25 用 G92 进行圆柱螺纹加工

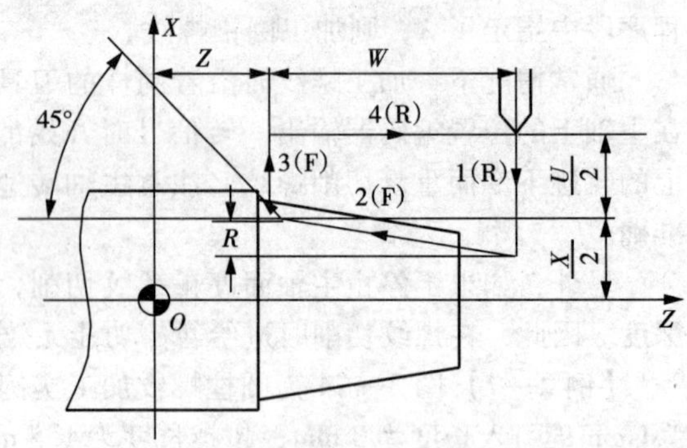

图 2—26 用 G92 进行圆柱螺纹加工

3. 螺纹切削循环指令 G76

格式：G76 X_ Z_ I_ K_ D_ F_ A_ P_；

其中：*X* 为螺纹加工终点处的 *X* 轴坐标值；

Z 为螺纹加工终点处的 *Z* 轴坐标值；

I 为螺纹加工起点和终点的差值，若为 0，则加工，圆柱螺纹；

K 为螺纹牙型高度，按半径值编程；

D 为第一次循环时的切削深度；

F 为螺纹导程；

A 为螺纹牙型顶角角度，可在 0～120°之间任意选择；

P 为指定切削方式，一般省略或写成 *P*1，表示等切削量单边切削。

例如，圆柱螺纹加工终点处的坐标为 $X=55.564$ mm，$Z=25.0$ mm；螺纹牙型高度为 3.68 mm，第一次循环时切削深度为 1.8 mm，螺纹导程为 6.0 mm，牙型顶角为 60°，执行等切削量单边切削，则加工程序为：

```
G76 X55.564 Z25.0 K3.68 D1.8 F6.0 A60;
```

2.3　数控车床 T 代码

T 代码主要是用来表示换刀功能的，根据加工需要，在某些程序段中可用 T 代码进行选刀和换刀。数控车床的主轴上安装的是加工工件而不是刀具，其车削加工成型主要取决于所选用的刀具。数控车床上常用的刀具有外圆车刀、内孔车刀、端面车刀、车槽刀、螺纹车刀、镗刀以及中心钻等。一个零件的加工往往需要几把刀具才能实现，因此，在程序编制过程中，用 T 代码来实现刀具的更换和对刀具进行必要的补偿。

一般而言，用 T 代码时，其后面可以带上相应的数字来表示刀号和补偿量。

2.3.1　刀具偏置补偿

机床的原点和工件的原点是不重合的，也不可能重合。加工前首先安装刀具，然后回机床参考点，这时车刀的关键点（刀尖或刀尖圆弧中心）处于一个位置，随后将刀具的关键点移动到工件原点上（这个过程叫对刀）。刀具偏置补偿是用来补偿以上两种位置之间的距离差异的，有时也叫做刀具几何偏置补偿，如图 2—27 所示。

刀具偏置补偿分为两类：一类是刀具几何偏置补偿，另一类是刀具磨损偏置补偿。刀具磨损偏置补偿用于补偿刀尖磨损量，如图 2—28 所示。

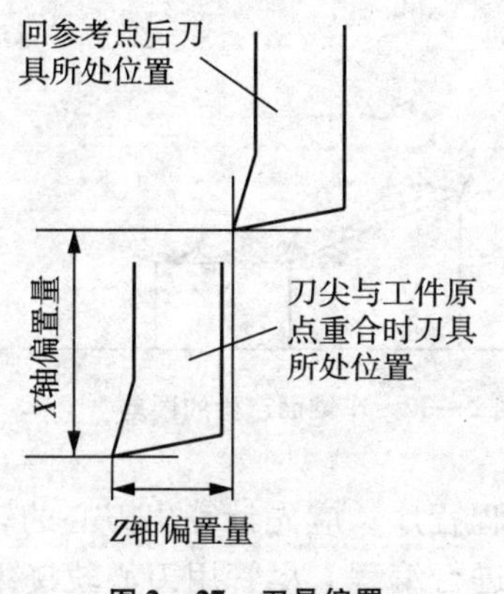

图 2—27　刀具偏置

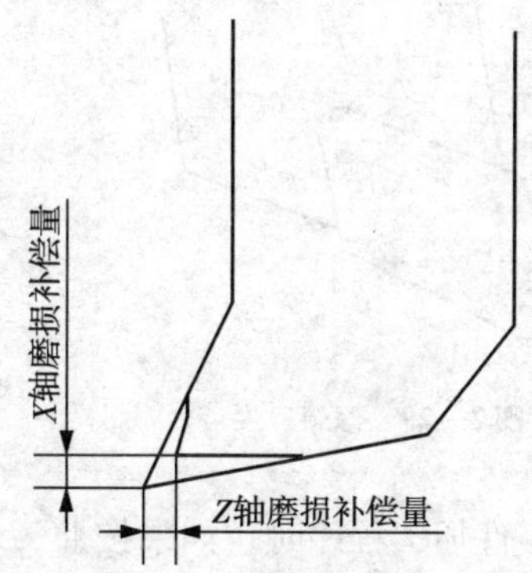

图 2—28　来自刀具磨损偏置的刀具几何补偿偏置

刀具偏置通常由 T 代码指定。在 FANUC 0i 系统，T 代码指定有两种方式，一种是 2 位数指令，另一种是 4 位数指令。

2 位数指令是指 T 地址后面跟两位数字，第一位数字表示刀号，第二位数字表示刀具磨损和刀具几何偏置号，例如，T12 表示调用第 1 号刀，调用第 2 组刀具磨损和刀具几何偏置。还有一种方法是把几何偏置和磨损偏置分开放置，用第一位数字表示刀号和刀具几何偏置号，用第二位数字表示刀具磨损偏置号。例如，T12 表示调用第 1 组刀具几何偏置，调用第 2 组刀具磨损偏置。

4 位数指令是指 T 地址后面跟四位数字，前两位数字表示刀具号，后两位数字表示刀具偏置号或刀具磨损偏置号。例如，T0102 表示调用第 1 号刀，调用第 2 组刀具几何偏置。同样的，4 位数指令也可以把几何偏置和磨损偏置分开放置，用前两位数字表示刀具几何偏置号，用后两位数字表示刀具磨损偏置号。例如，T0102 表示调用第 1 号刀，调用第 1 组刀具几何偏置，调用第2组刀具磨损偏置。

偏置号的指定是由指定偏置号的参数设定的。例如，对2位数指令而言，当参数5002号第0位LD1设定为1时，用T代码末位指定刀具磨损偏置号；对于4位数指令而言，当参数5002号0位LD1设定为0时，用T代码末两位指定刀具磨损偏置号。

刀具偏置号有两种意义，既可用来开始偏置功能，又可用来指定与该号对应的偏置距离。当刀具偏置号后一位（2位数指令）为0时或者最后两位（4位数指令）为00时，则表明取消刀具偏置值。

一般情况下，常用4位数指令指定刀具偏置。

2.3.2 车刀刀尖半径补偿

数控车床是以刀尖对刀的，加工时所选用车刀的刀尖不可能绝对尖，总有一个小圆弧，如图2—29所示。对刀时，刀尖位置是一个假想刀尖 A，编程时，按照点 A 的轨迹进行程序编制，即工件轮廓与假想刀尖 A 重合。车削时，实际起作用的切削刀刃是圆弧与共建轮廓表面的切点。

当车锥面时，由于刀尖圆弧 R 的存在，实际车出的工件形状就会和零件图样上的尺寸不重合，如图2—30所示。图中的虚线即为实际车出的工件形状，这样就会产生圆锥表面误差。如果工件要求不高，此量可以忽略不计，但是如果工件要求很高，就应考虑刀尖圆弧半径对工件表面形状的影响。

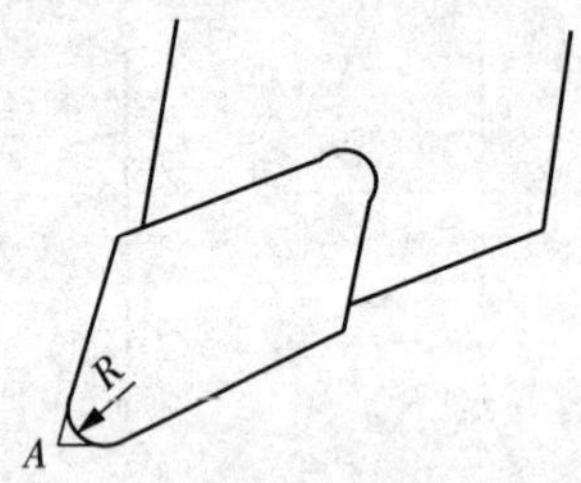

图2—29　假想刀尖

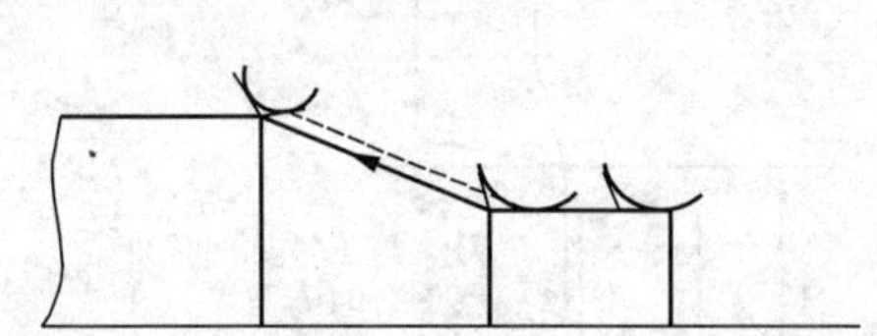

图2—30　车锥面产生的误差

当编制零件加工程序时，如果按照刀具中心轨迹编程程序，应先计算出刀心的轨迹，即和轮廓相距一个刀具半径的等距线，然后再对刀心轨迹进行编程。尽管用刀心轨迹编程比较直观，但是计算量会非常大，给编程带来不便。实际编程时，一般不需要计算刀具中心轨迹，只需按照零件轮廓编程，然后使用刀具半径补偿指令，数控系统就能自动地计算刀具中心轨迹，从而准确地加工所需要的工件轮廓。

刀具半径补偿指令用G41和G42来实现，他们都是模态指令，用G40来注销。顺着刀具运动方向看，刀具在被加工工件的左边，则用G41指令，因此，G41也称为左补偿；顺着刀具运动方向看，刀具在被加工工件的右边，则用G41指令，因此，G41也称为右补偿。

格式：G41/G42/G40　G01/G00 X（U）_ Z（W）_；

其中 X（U）、Z（W）为建立或者取消刀具补偿程序段中刀具移动的终点坐标。G41、G42、G40指令只能与G00、G01结合编程，通过直线运动建立或者取消刀补，它们不允许与G02、G03等指令结合编程，否则将会报警。

通常在有参考点的机床（如转塔中心）上，基准位置可以放置在起始位置上，把从基准位置到假想刀尖的距离设定为刀具的偏置值。分别将测量出来的 X 轴刀具偏置和 Z 轴刀具偏置存入 T 指令的后两位地址中。另外，假想刀尖的方位也应同这两个偏置值一起提前设定。

假想刀尖的方位是由切削时刀具的方向所决定的，FANUC 0i 用 0～9 来确定假想刀尖的方位，如图 2—31 所示。

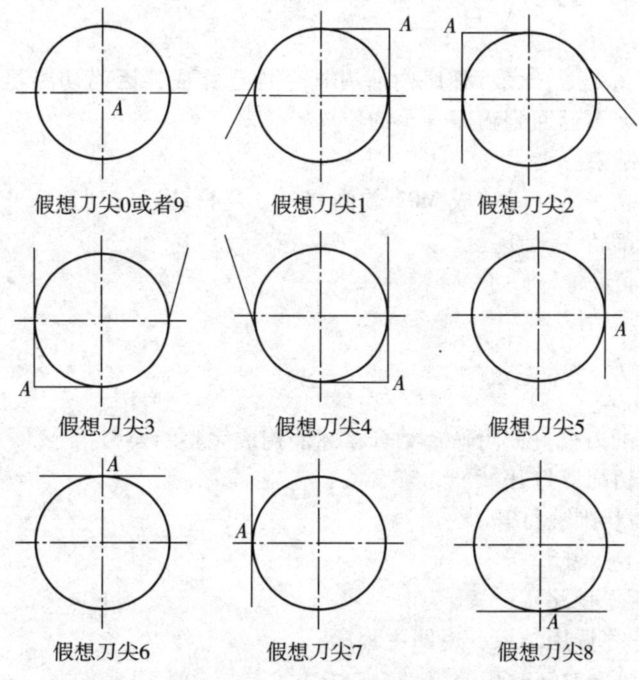

图 2—31　假想刀尖方位

一般来说，如果既要考虑车刀位置补偿，又要考虑圆弧半径补偿，则可在刀具代码 T 中的补偿号对应的存储单元中存放一组数据：X 轴、Z 轴的位置补偿值，圆弧半径补偿值和假想刀尖方位（0～9）。操作时，可以将每一把刀具的四个数据分别设定到刀具补偿号对应的存储单元中，即可实现自动补偿。

2.4　数控车床 M 代码

辅助功能指令由地址字符 M 后接两位数字组成，亦称 M 指令。它用来指定数控机床辅助装置的接通和断开（即开关动作），表示机床的各种辅助动作及其状态。数控系统处理辅助功能指令时，向机床送出代码信号和一个选通信号，这些信号用于接通或者断开机床的强电功能。

通常，一个程序段中只能出现一次 M 代码，否则机床将报警。

2.4.1　常用的 M 指令

（1）M00：程序停止。

执行 M00 指令后，自动运行停止，机床所有动作均被切断，以便进行某种手动操作。程序停止时，所有模态指令信息保持不变。重新按动循环启动按钮后，系统将继续执行后续的程序段。

（2）M01：选择停止。

与 M00 相似，在包含 M01 的程序段执行以后自动运行停止。它与 M00 的区别是：只有当机床操作面板上的“选择停止”开关压下时 M01 才有效，否则无效。可用循环启动按钮恢复自动运行。

（3）M02：程序结束。

程序结束执行该指令后，表示程序内所有指令均已完成，因而切断机床所有动作，机床复位。但程序结束后，不返回到程序开头的位置。

（4）M30：纸带结束。

纸带结束执行该指令后，除完成 M02 的内容外，还自动返回到程序开头的位置，同时为加工下一个工件做好准备。

（5）M03：主轴正转。

（6）M04：主轴反转。

（7）M05：主轴停转。

（8）M06：换刀。

M06 必须与相应的刀号（T 代码）结合，才能构成完整的换刀指令。

（9）M07：雾状切削液打开。

（10）M08：液态切削液打开。

（11）M09：切削液关闭。

（12）M98：调用子程序。

（13）M99：子程序调用结束，返回主程序。

2.4.2 子程序调用功能

在编制加工程序时，有时会遇到一组程序段在一个程序中多次出现，或者在几个程序中都要使用它，这组程序段称为子程序，使用子程序可以简化编程。不但主程序可以调用子程序，一个子程序也可以调用下一级的子程序，其作用相当于一个固定循环。

子程序的调用格式：M98 P_ L_；

其中，M98 为子程序调用字符；P 为子程序号；L 为子程序重复调用次数。

子程序返回主程序，使用指令 M99。

子程序调用下一级子程序，称为子程序嵌套。在 FANUC 0i 系统中，只能有四次嵌套。

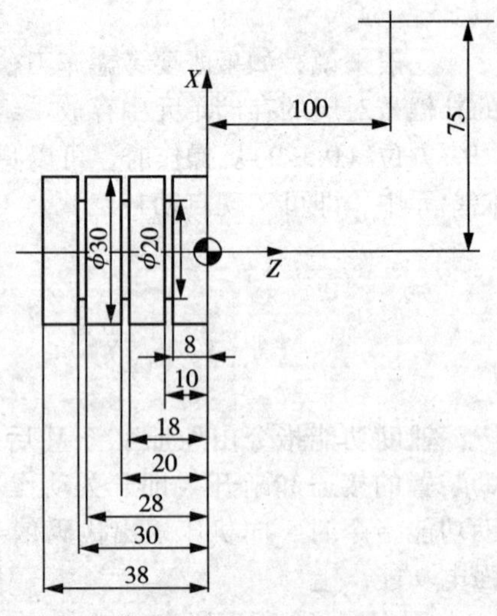

图 2—32　子程序应用

【例 2—8】 利用子程序编程。如图 2—32 所示，已知毛坯直径为 ϕ32 mm，长度为 50 mm，一号刀为外圆车刀，三号刀为切断刀，其宽度为 2 mm。

程序如下：

O0309；　　　　　　　　　　主程序

N100 G50 X150.0 Z100.0；

N110 M03 S500；

```
N120 M08;
N125 T0101;
N130 G00 X35.0 Z0;
N140 G01 X0 F0.3;
N150 G00 Z2.0;
N160 X30.0;
N170 G01 Z-40.0 F0.3;
N180 X35.0;
N190 G00 X150.0 Z100.0 T0100;
N195 T0303;
N200 X32.0 Z0 T0303;
N210 M98 P0319 L3;
N220 G00 W-10.0;
N250 G00 X150.0 Z100.0 T0300;
N260 M09;
N270 M05;
N280 M30;

O0319;                子程序
N300 G00 W-10.0 F0.15;
N310 G01 U-12.0 F0.15;
N320 G04 X1.0;
N330 G01 U12.0;
N340 M99;
```

思考题

1. 数控车床的编程特点有哪些?
2. 简述数控车床原点和参考点的区别与联系。
3. 数控车床的基本功能指令如何分类?
4. 数控车床的补偿功能有哪些?
5. 设定工件坐标系有哪些意义? 说明基本指令 G50 与 G54～G59 的使用区别。
6. 说明基本指令 G00、G01、G02、G03、G04、G28 的意义。
7. 说明圆弧插补指令 G02、G03 的区别。
8. 说明粗加工循环指令 G71 的使用格式。G70 如何使用?
9. 说明循环指令 G71、G72、G73 的区别。
10. 说明螺纹切削循环指令 G76 的使用格式。
11. 车刀刀尖半径补偿的意义何在?
12. 什么时候应用子程序调用功能?

13. 如图 2—33 所示零件，毛坯直径为 ϕ40 mm，长度 $L=130$ mm，材料 45 钢。试编写程序。

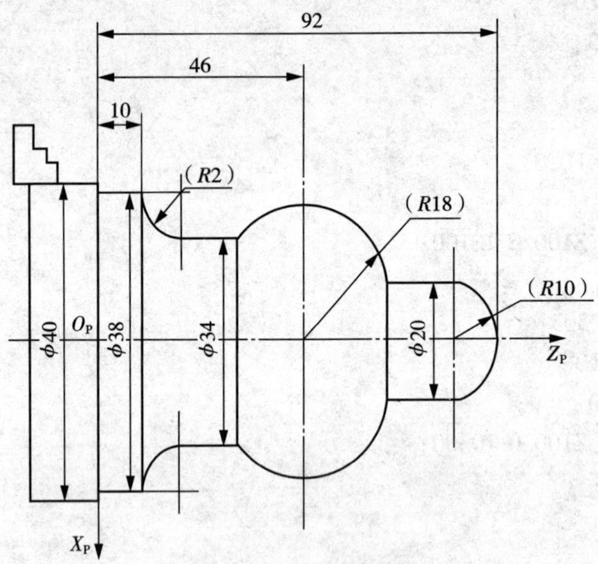

图 2—33　车削零件

第 3 章　数控车床加工操作

3.1　数控车床结构与技术参数

3.1.1　数控车床结构与技术参数

1. 数控车床结构

数控车床主要由床身、主轴箱、刀架、刀架滑板、尾座、防护罩、液压系统、冷却系统、润滑系统、电气控制系统等组成。电气控制系统中的数控系统能控制伺服电动机驱动刀具作连续的横向和纵向进给运动，以加工出符合要求的各种工件。

数控车床的床身结构和导轨有多种形式，大体可分为水平床身、水平床身斜滑板、倾斜床身和立式床身等四类布局形式，如图 3—1 所示。

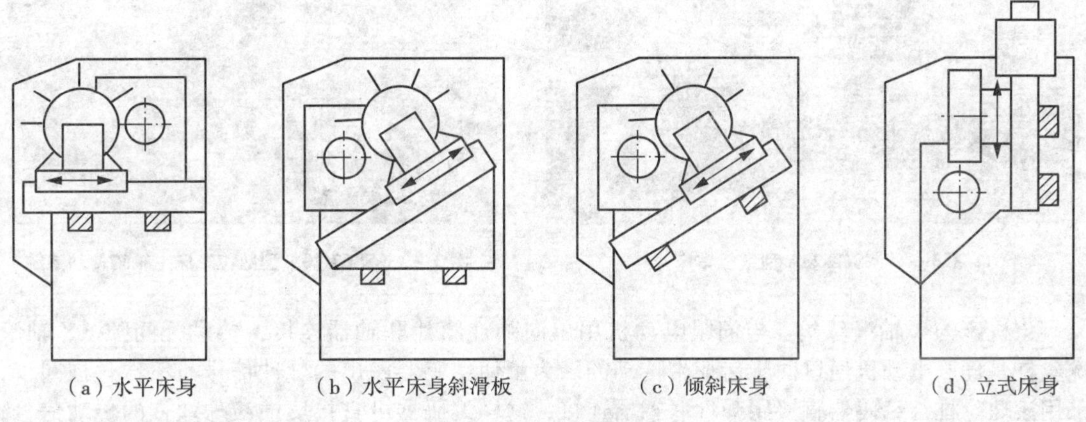

（a）水平床身　（b）水平床身斜滑板　（c）倾斜床身　（d）立式床身

图 3—1　数控车床布局

水平床身一般可用于大型数控车床或小型精密数控车床的布局，这种布局方式配上水平放置的刀架可以提高刀架的运动精度，工艺性好，便于导轨面的加工。但是水平床身由于下部空间较少，因此排屑比较困难。

如果水平床身配上倾斜放置的滑板，就会使排屑方便。倾斜床身导轨的倾斜度分别为 30°、45°、60°、75°，如果倾斜角度为 90°，则变为立式床身。这类倾斜床身机床不但排屑方便，而且还能保证良好的导轨导向性和良好的受力特性。

一般中小型数控机床多采用倾斜床身或者水平床身斜滑板结构，这两种布局结构具有机床外形美观、占地面积小、宜于排屑、便于冷却液排流、便于操作者操作与观察、宜于安装上下料机械手、宜于全面实现自动化等优点。

图 3—2 所示为沈阳第一机床厂生产的 SSCK20A 型数控卧式车床。

该机床是二坐标连续控制 CNC 车床，采用 BEIJING—FANUC 0i 数控系统，主轴无级转速范围为 45～2 400 r/min，采用整体铸造床身，内部结构为拱形筋，脊与导轨面垂直，下部包砂铸造，这种结构可大大提高床身的刚性，增加机床的稳定性和抗震性，从而提高机床精度。向后倾斜 45°，具有倾斜床身排屑流畅的优点，同时也具有水平床身刀架受切削力较好的优点。该机床采用全封闭防护，操作调整方便、安全；配有湿式链板式排屑器，铁屑能及时排出。床身导轨和滑鞍导轨采用一体的铸造导轨，经精密磨削加工，进一步提高了机床的强度、刚性和精度；滑鞍、滑板导轨摩擦面均粘贴聚四氟乙烯抗磨软带，大大降低了与导轨间的摩擦系数，从而增加了导轨的耐磨性和精度保持性，还可提高刀架的快速移动速度及延长机床的使用寿命。

该机床的主轴箱采用交流调速电动机和相匹配的主驱动系统，电动机经皮带轮直接驱动主轴（如图 3—3 所示），传动平稳，噪声小。改变电动机旋转方向，可以得到相同的主轴正、反转。主轴刹车时由电动机制动来实现，螺纹切削和主轴每转进给量是通过与主轴 1∶1 传动的主轴脉冲编码器来实现的。主轴前后轴承均采用预加负荷的超精密级角接触球轴承，能同时承受径向载荷和轴向载荷，在高速运转时，主轴温升低，热变形小，适合进行高速精加工。

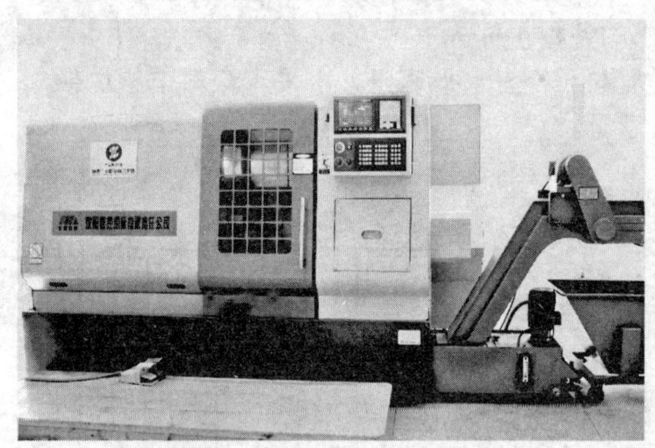

图 3—2　SSCK20A 型数控车床

图 3—3　SSCK20A 型数控车床主轴箱传动系统

该机床的 X 轴滚珠丝杠与伺服电动机用单向弹性膜片联轴器连接，传动无间隙。Z 轴滚珠丝杠是伺服电动机通过同步齿形带传动的。为了使编码器发出的脉冲信号与滚珠丝杠同步，采用滚珠丝杠与编码器直接用弹性联轴器连接，这样编码器可直接反馈滚珠丝杠的传动信号，避免齿形带传动造成的误差。

该机床适合加工轴类和盘形零件。借助数控系统完善的控制功能可加工内外圆柱、圆锥、圆弧和各种螺纹，机床还可以进行钻孔、扩孔、铰孔、镗孔、车端面、切槽、倒角等加工；采用液压卡盘、中空卡盘、液压尾架等附件，适合加工中型复杂零件。

2. SSCK20A 型数控卧式车床的主要技术参数

卡盘直径：　　　　210 mm

床身最大回转直径：　　450 mm

最大加工直径：　　200 mm

轴类最大加工长度：　　500 mm

滑鞍最大纵向行程：　　660 mm

滑板最大横向行程：　　170 mm

主轴孔径：　55 mm
主轴转速（无级）：　单轴主轴箱（交流主驱动）45～2 400 r/min
车刀刀方：　20 mm×20 mm
最小输入当量：　纵向（Z 轴）0.001 mm，横向（X 轴）0.001 mm（直径上）
快移速度：　纵向（Z 轴）10 m/min，横向（X 轴）8 m/min（直径上）
尾座套筒直径：　70 mm
套筒最大行程：　80 mm
顶尖锥孔：　莫氏 4 号
主电机功率（AC）：　11 kW
伺服电动机：　1.2 kW
液压站电动机：　1.5 kW
运屑器电动机：　0.2 kW
切削液电动机：　0.55 kW
机床外形尺寸（$L \times B \times H$）　3 730 mm×1 730 mm×1 710 mm
机床净重量：　5 000 kg

3. SSCK20A 型数控车床数控系统的主要规格

SSCK20A 型数控车床数控系统的主要规格如表 3—1 所列。

表 3—1　SSCK20A 型数控车床的数控装置规格参数表

项目	数值	项目	数值
控制系统	BEIJING—FANUC 0i Mate—TB	最小指令增量	0.000 5 mm
控制轴数控制方式	2 轴（X、Z）/同时 2 轴，手动 1 轴	最大行程	±99 999.999 mm
插补功能	直线、多象限圆弧，螺纹	CRT/MDI	9 英寸（单色）
编程方式	增量/绝对指令	输入/输出接口	RS—232—C
最小输入增量	0.001 mm		

4. SSCK20A 型数控车床的软件功能

◇恒线速切削：在加工时一直保持恒定的切削线速度；
◇小数点输入：输入小数表示实际的尺寸，输入整数表示脉冲个数；
◇公/英制转换；
◇复合循环：进行粗车轮廓循环和车螺纹循环；
◇刀尖半径补偿：对圆头车刀进行半径自动补偿；
◇刀具偏置补偿：可对刀具进行几何补偿和磨损补偿；
◇手摇轮插入：可插入手摇轮进行手动微调；
◇宏程序功能；
◇工作时间显示；
◇加工件数显示；
◇屏幕编辑功能；
◇图像模拟功能；
◇利用 ISO 中的 G 代码和 M 代码编程；
◇暂停、急停控制；

◇报警显示和自诊断功能；

◇返回参考点功能；

◇手动操作主轴用于对刀或机床调试；

◇可利用 MDI 操作。

3.1.2 数控车床控制面板

SSCK20A 型数控卧式车床的控制面板如图 3—4 所示。它由系统操作面板（CRT/MDI 操作面板）和机床操作面板（也称为用户操作面板）组成。图中上方是系统操作面板，下方是机床操作面板。另外，在控制面板的左侧面还有一个手摇控制面板，如图 3—5 所示。面板上的功能开关和按键均有特定的含义。对于系统操作面板来说，只要采用的是 BEIJING—FANUC 0i Mate—TB 数控系统，则面板都是相同的；但对于机床操作面板而言，由于生产厂家的不同而有所不同。

图 3—4 SSCK20A 型数控车床操作面板

图 3—5 SSCK20A 型数控车床手摇控制面板

1. 机床操作面板

SSCK20A 型数控卧式车床的机床操作面板如图 3—6 所示。

图 3—6 SSCK20A 型数控车床机床操作面板

（1）急停按钮。

【急停】按钮为图 3—6 左上角的第一个按钮。机床在运行过程中，当将要出现碰撞或者程序有错等紧急情况下，应立即压下【急停】按钮，这时机床紧急停止，进给和主轴旋转也立即紧急刹车。当消除故障以后，顺时针旋转急停按钮进行复位，机床可继续操作。

（2）程序保护开关。

紧靠着【急停】按钮的右方为【程序保护】开关，它是一钥匙开关，用以防止破坏内存程序。当该开关在“1”位置时，内存程序将受到保护，即不能进行程序编辑；在“0”位置时，内存程序不受到保护。

（3）进给倍率修调开关。

【急停】按钮正下方为【进给倍率修调】开关，用此开关可以改变在自动方式下运行的程序中刀架的进给速度，修调率为 0～120%。手动方式下该开关直接指示刀架的进给速度。

（4）主轴倍率修调开关。

【进给倍率修调】开关右方为【主轴倍率修调】开关，用此开关可以改变主轴的转速。可以改变程序中给定的 S 代码速度，使之按照 50%～120% 的倍率变化。

（5）相关按钮。

相关按钮名称如图 3—7 所示。当按下这些按钮时，按钮上方对应的指示灯亮。

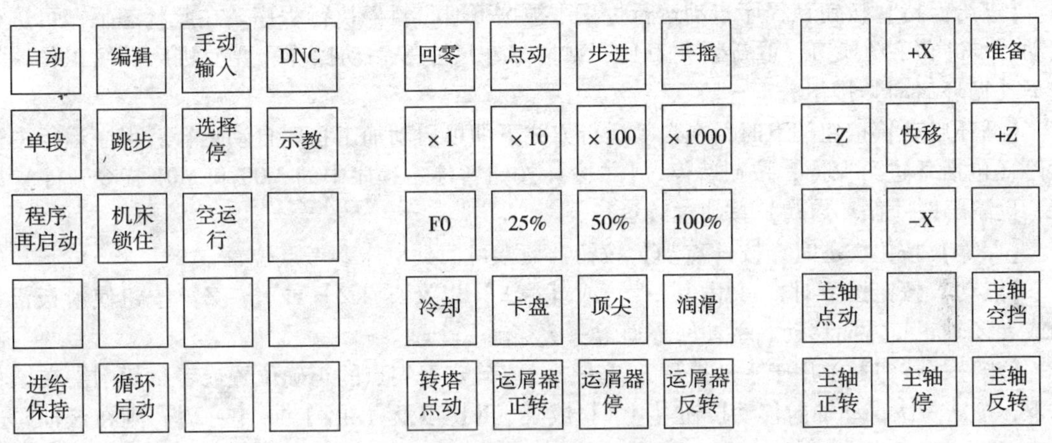

图 3—7　相关按钮名称

【自动】按钮按下时，机床可按照存储的程序进行加工，并对存储程序的顺序号进行检索。

【编辑】按钮按下时，可以把工件程序读入 NC 控制系统，并对编入的程序进行修改、插入和删除。

【手动输入】按钮按下时，可以通过 NC 控制系统操作面板上的键盘把数据送入数控系统中，所送的数据均能在显示屏上显示出来。

【DNC】按钮按下时，机床由外部输入/输出设备读取的加工程序控制运行，而在 CNC 存储器中不存储该程序。

【单段】按钮按下时，刀具执行一段程序后就停止，再按一次【循环启动】按钮，刀具执行下一程序段后又停止。用此方法可以检查程序。

【跳步】按钮按下时，程序中带有“/”标记的程序段不执行，程序执行转到跳过程序段的下一段，即无“/”标记的程序段。在【跳步】按钮不被按下时，“/”标记也无效，程序中的所有程序段均被依次执行。

【选择停】按钮按下时，程序中的 M01 指令有效，当执行完含有 M01 的程序段后，自动循环停止，若想再使机床按规定的程序工作，必须按【循环启动】按钮。当【选择停】按钮不被按下时，程序中的 M01 指令不执行。在自动运行中，需要对工件的尺寸进行检验或者插入必要的手工操作时，需用此按钮功能。

【示教】按钮按下时，可以检查存储器内容，并选择存储器中预先存储的程序运行，可以在显示屏上观察运行过程。

【程序再启动】按钮按下时，指定程序段的序号以便当刀具破损或者休息后在指定的程序段重新启动加工操作。有两种再启动方法：P 型和 Q 型。P 型操作可在任何地方重新启动程序，当因为刀具破损而使运转停止时，可用此种方式再启动；Q 型在重新开始操作之前，机床必须移动到程序起点（加工起点）。

【机床锁住】按钮按下时，指示灯亮，表示锁住机能有效，此时机床刀架不能移动，机床不能执行进给运动，但机床的执行和显示都正常。再按一下此按钮，机床锁住机能取消。

【空运行】按钮按下时，指示灯亮，表示空运转机能有效。此时，运行程序中的全部 F 码无效，机床的进给按照最快速度运行。该功能用于工件从工作台上卸下时检查机床的运动。

【进给保持】按钮在程序自动运行过程中被按下时，暂停执行程序。在此状态下，可进行点动、步进和手动换刀、重新装夹刀具、测量工件尺寸等手动操作。要使机床继续工作，须按下【循环启动】按钮。

【循环启动】按钮按下时，在自动运行方式下即可启动加工程序自动运行。程序运行中途暂停（包括【进给保持】按钮暂停、【单段】按钮暂停、程序中的 M00 和 M01 指令暂停）以后，也需要按【循环启动】按钮继续运行。

【回零】按钮按下时，按【点动】按钮，刀架可回到机床参考点位置。

【点动】按钮按下时，可用【+X】或【-X】以及【+Z】或【-Z】按钮使滑板沿 X 轴或者 Z 轴正负方向移动。手动回零通常一次移动一个轴。

【步进】按钮通常用于手动微调刀具进给，以确定刀尖点的正确位置或者试切削。在该状态下，按动一次手动轴向移动按钮【+X】或【-X】以及【+Z】或【-Z】，则在该轴向进一步。

【手摇】按钮按下时，图 3—5 中的手摇控制面板起作用。按手轮进给轴选择开关（图 3—5 中的手摇 X 和手摇 Z），选择机床要移动的一个轴，然后选择机床移动的倍率，就可以旋转手轮使机床沿所选轴移动。

【×1】、【×10】、【×100】和【×1000】四个按钮都属于增量倍率修调按钮。当系统工作在【步进】按钮按下时，用于调整每次步进的步进距离，即增量值。每一步可以是最小输入增量单位的 1 倍、10 倍、100 倍和 1000 倍。

【F0】、【25%】、【50%】和【100%】四个按钮都属于快速移动倍率按钮，在快速移动期间，用快移速度倍率按钮从四种速度中选择一种，以改变刀架的快移速度。此组按钮可以改变 G00 的快速移动、固定循环期间的快速移动、G28 中的快速移动、手动快速移动以及手动返回参考点的快速移动。

【冷却】按钮用于手动开/关切削液泵。

【卡盘】按钮用于手动进行卡盘的加紧和松开，该按钮与脚踩开关同等效用，用于工件的装夹和拆卸。

【顶尖】按钮用于手动操作顶尖的调整。

【润滑】按钮按下时，机床所有需要润滑的位置都自动润滑。

【转塔点动】按钮按下时，在手动方式下实现转塔转位换刀。

【运屑器正转】、【运屑器反转】和【运屑器停】按钮用于控制运屑器的运动。

【准备】按钮按下时，机床部分准备。当机床移动到工作区间的极限值时，压住限位开关，控制系统将出现超程报警。此时，机床处于报警状态，机床不能工作。解除时，先将状态开关置于手动状态，然后按下【准备】按钮，再按下与超程方向相反的点动按钮，或者用手摇脉冲发生器向相反方向运动，使机床脱离极限而回到工作区间，再按下【RESET】键，机床就可以正常工作了。

【+X】、【-X】、【+Z】和【-Z】四个按钮均属于轴向移动按钮，利用它们可以进行手动点动进给和手动步进进给，每次只能控制一个坐标轴的运动。按下其中之一，就可以实现刀架向坐标轴某一方向运动。

【快移】按钮与轴向移动按钮同时按下时，刀架按照 NC 参数设定的快速移动速度快速运动。

【主轴点动】、【主轴空挡】、【主轴正转】、【主轴反转】和【主轴停】五个按钮可控制主轴点动、空挡、正转、反转和停转。

2. 系统操作面板

系统操作面板如图 3—4 上方所示，主要包括三部分：CRT 显示器、软键和 MDI 键盘。

（1）CRT 显示器。

CRT 显示器可以显示机床的各种参数和功能。此显示器为 9″单色 CRT 显示器。

（2）软键。

软键在 CRT 显示器正下方，共有七个按钮。它们必须与 MDI 键盘的功能键配合使用，这样才能在 CRT 显示器上显示画面。

软件的功能不确定，其含义显示于当前 CRT 屏幕下方对应软键的位置，随功能键状态不同而具有若干个不同的子功能。

（3）MDI 键盘。

MDI 键盘如图 3—8 所示，主要包括 10 部分。

1）地址/数字键。地址/数字键共有 24 个，由数字、字母和符号键组成。每次输入的数据都显示在 CRT 屏幕上。其中【EOB】键表示程序段结束。

2）功能键。功能键有六个，表示七种功能，用于切换各种不同的功能显示画面。

【POS】键显示位置画面。

【PROG】键显示程序画面。

【OFFSET SETTING】键显示偏/设定（SETTING）画面。

【SYSTEM】键显示系统画面。

【MESSAGE】键显示信息画面。

【CUSTOM GRAPH】键显示用户宏（CUSTOM）画面（会话式宏画面）/图形（GRAPH）画面。

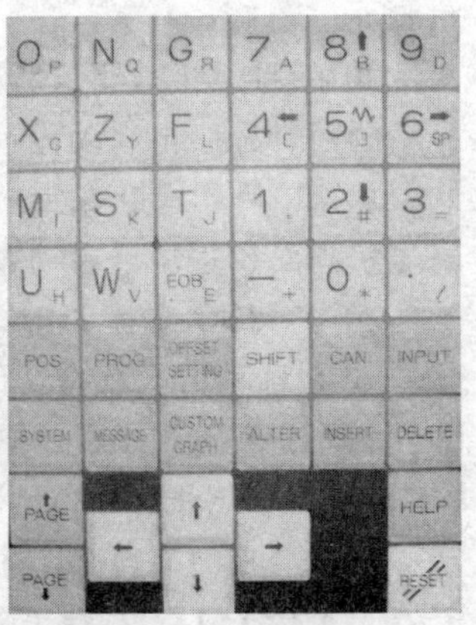

图 3—8　系统操作面板

3）光标移动键。光标移动键有四个，分别表示光标的不同移动方向。

①【↑】键用于将光标朝上或倒退方向移动，在倒退方向光标按一段大尺寸单位移动。

②【→】键用于将光标朝右或前进方向移动，在前进方向光标按一段短的单位移动。

③【←】键用于将光标朝左或倒退方向移动，在倒退方向光标按一段短的单位移动。

④【↓】键用于将光标朝下或前进方向移动，在前进方向光标按一段大尺寸单位移动。

4）翻页键。翻页键包括【PAGE↑】和【PAGE↓】，【PAGE↑】用于在屏幕上朝后翻一页，【PAGE↓】用于在屏幕上朝前翻一页。

5）移位键。移位键【SHIFT】的功能是：有些键的顶部有两个字符，按【SHIFT】键来选择字符，当一个特殊字符在屏幕显示时，则表示键面右下角的字符可以输入。

6）取消键。取消键【CAN】用于删除已输入到键的输入缓存器的最后一个字符或符号。

7）输入键。输入键【INPUT】用于输入参数和补偿值。当按了地址键或者数字键以后，数据被输入到缓冲器，并在CRT屏幕上显示出来。为了把键入到输入缓冲器的数据拷贝到寄存器中，可按【INPUT】键。这个键相当于软键的【INPUT】键，按此二键的结果是一样的。

8）编辑键。编辑键有三个，主要是用于程序的改变。

①【ALTER】键用于程序替换。

②【INSERT】键用于程序插入。

③【DELETE】键用于程序删除。

9）帮助键。帮助键【HELP】用来显示如何操作机床，如MDI键的操作。该键可在CNC发生报警时提供报警的详细信息。

10）复位键。复位键【RESET】可使CNC复位，用以消除报警等。

3. 系统功能菜单

系统功能菜单的说明如下所述。

(1)【POS】键下的菜单：绝对坐标显示画面、相对坐标显示画面、当前位置显示画面、手轮中断画面、监视画面。

(2)【PROG】键下的菜单：

① 在MEM方式下：程序显示画面、程序检查显示画面、当前程序段显示画面、下一个程序段显示画面、程序再启动显示画面、显示文件目录画面、显示进程操作画面。

② 在编辑方式下：程序显示画面、程序目录显示画面、图形会话编程画面、软盘目录显示画面。

③ 在MDI方式下：程序显示画面、程序输入画面、当前程序段显示画面、下一个程序段显示画面、程序再启动显示画面。

④ 在HNDL、JOG或者REF方式下：程序显示画面、当前程序段显示画面、下一个程序段显示画面、程序再启动显示画面。

⑤ 在TJOG或者THDL方式下：程序显示画面、程序目录显示画面。

⑥ 在各种方式软键【BG－EDT】方式下：程序显示画面、程序目录显示画面、图形会话编程画面、软盘目录显示画面。

(3)【OFFSET SETTING】键下的菜单：刀具偏置画面、设定画面、工件坐标系设定画面、宏变量显示画面、软操作面板画面、刀具寿命管理设定画面、工件偏移画面。

(4)【SYSTEM】键下的菜单：参数画面、诊断画面、系统配置画面、螺旋误差补偿画面、伺服参数画面、主轴参数画面、波形诊断画面。

(5)【MESSAGE】键下的菜单：显示报警画面、显示信息画面、报警履历画面。

(6)【HELP】键下的菜单：详细报警画面、操作方法画面、参数表画面。

(7)【CUSTOM GRAPH】键下的菜单：刀具轨迹图形画面、用户宏画面。

3.2　数控车床操作

3.2.1　启动与回参考点

1. *启动*

将数控车床电气柜总开关转到 ON 位置，机床将进入等待状态，报警提示 1003 外部报警（未准备），按下机床操作面板上的【准备】键，机床启动完成。

2. *回参考点*

机床打开以后首先必须进行回参考点的操作，因为机床在断电后就失去了对各坐标位置的记忆，所以在接通电源后，必须让各坐标值回参考点。其具体操作步骤如下：

(1) 在机床操作面板上按下【回零】键。

(2) 按下快速移动倍率开关（在【25%】、【50%】、【100%】三个按钮中任选一个）。

(3) 首先，使 X 轴回参考点。按下【+X】按钮，使滑板沿 X 轴正向移向参考点，在移动过程中，操作者应按住【+X】按钮，直到回零参考点指示灯闪亮，再松开按钮，X 轴已返回参考点。

(4) 再使 Z 轴回参考点。按下【+Z】按钮，使滑板沿 Z 轴正向移向参考点，在移动过程中，操作者应按住【+Z】按钮，直到回零参考点指示灯闪亮，再松开按钮，Z 轴返回参考点。

注意：若开机后机床已经在参考点位置，应该先按下【点动】按钮，用移动按钮【-X】和【-Z】先使刀架移开参考点约 100 mm 左右，然后再回零。

3.2.2　对刀与建立工件坐标系

对刀与建立工件坐标系采用试切法。其具体操作步骤如下：

(1) 在执行完回零操作后，按下机床操作面板上的【手动输入】键。

(2) 按下系统操作面板上的【PROG】键，使显示屏幕画面出现 MDI。

(3) 输入 M03 S600。

(4) 按下系统操作面板上的【EOB】键。

(5) 按下【INSERT】键。

(6) 按下【循环启动】键。

(7) 按下【点动】按钮。

(8) 按下【转塔转位】按钮，找基准刀。

(9) 依次按下【-X】和【-Z】按钮，使刀盘接近工件。

(10) 按下【手摇】按钮。

(11) 将手摇操作面板上的轴选开关打在 X 位置。

(12) 在【×1】、【×10】、【×100】、【×1000】四个按钮中选定其中一个，并将所选按钮按下（注意：尽量不选【×1000】按钮）。

(13) 按下【主轴正转】按钮，旋转手轮，沿 $-X$ 向进刀，在端面车一刀。

（14）沿 X 向退刀，使刀具离开工件，Z 向尺寸不动。

（15）按下【主轴停】按钮。

（16）按下系统操作面板上的【W】键。

（17）按下【起源】软键，使相对坐标 W 清零。

（18）按下【OFFSET SETTING】键。

（19）按下软键【坐标系】。

（20）选择 G54～G59 其中之一，此处选择 G54，用光标移动键将光标移动至 Z 位置。

（21）输入 Z0。

（22）按下软键【测量】。

（23）将手摇操作面板上的轴选择开关打在 Z 位置。

（24）按下【主轴正转】按钮，旋转手轮，沿 $-Z$ 向进刀，在外圆试切一刀。

（25）沿 Z 向退刀，使刀具离开工件，X 向尺寸不动。

（26）按下【主轴停】按钮，测量外圆尺寸。

（27）按下系统操作面板上的【U】键。

（28）按下【起源】软键，使相对坐标 U 清零。

（29）按下【OFFSET SETTING】键。

（30）按下软键【坐标系】。

（31）输入 X 和所测量外圆尺寸。

（32）回零。

此时，坐标系 G54 设定完成，工件坐标系坐标原点就处于零件右端面中心处，在程序中直接调用 G54，所有编程尺寸就是该坐标系下的尺寸。

如果刀盘上还安装有其他刀具，则针对每一把刀具都用上述方法试切，然后按下【OFFSET SETTING】键，再按下【形状】软键，调出刀具位置偏置画面，分别将其 U、W 值送入所对应的补偿号中，对刀结束。

3.2.3 自动运行

1. 存储器运行

程序预先存在存储器中，当在自动状态下选定了一个程序并按下机床操作面板上的【循环启动】按钮时，开始自动运行，而且循环启动灯（LED）点亮。

在自动运行期间当按下机床操作面板上的【进给保持】按钮时，自动运行暂停。再按一次【循环启动】按钮，自动运行恢复。

按下 MDI 面板上的【RESET】键，自动运行结束并进入复位状态。

存储器运行过程如下：

（1）按【编辑】键。

（2）按【PROG】键显示程序画面。

（3）按地址键【O】。

（4）用数字键输入程序号。

（5）按【OSRH】软键。

（6）按【自动】键。

（7）按机床操作面板上的【循环启动】按钮，启动机床进入自动运行状态，而且循环启动灯（LED）点亮。

(8) 按下机床操作面板上的【进给保持】按钮，自动运行暂停。若按下 MDI 面板上的【RESET】键，自动运行结束并进入复位状态，循环启动灯灭。

2. MDI 运行

MDI 运行用于简单的测试操作，运行过程如下：

(1) 按机床操作面板上的【手动输入】按钮。

(2) 按系统操作面板上的【PROG】键，选择程序画面。

(3) 编制要执行的程序，并在最后一个程序段中指定 M99 或者 M30。

(4) 用系统操作面板上的光标移位键将光标移动到程序头。

(5) 按下【循环启动】按钮，自动运行开始。

(6) 自动运行结束，返回到程序的开头。

(7) 按下【RESET】键，自动运行结束并返回到复位状态。

3.2.4　简单零件加工举例

【例 3—1】 图 3—9 所示是零件的图样，毛坯为 ϕ50 mm × 100 mm 棒料，材料为 45 钢，需要车削外圆和端面。

(1) 确定工艺方案。

采用三爪自定心卡盘夹持 ϕ50 外圆，一次装夹完成粗、精加工。

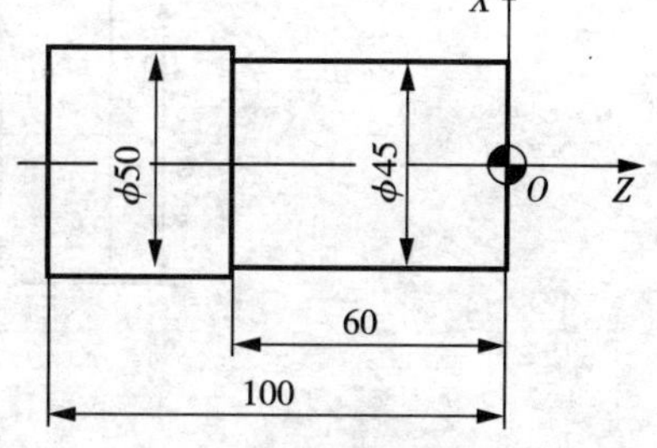

图 3—9　简单零件车削实例

(2) 加工工序。

① 粗车端面及 ϕ45 外圆，留 0.5 mm 精车余量；

② 精车 ϕ45 外圆到尺寸。

(3) 刀具。

零件的粗、精加工均用 90°外圆车刀完成。

(4) 切削用量。

粗加工时进给量为 0.3 mm/r，主轴转速为 300 r/min；精加工时进给量为 0.15 mm/r，主轴转速为 600 r/min。粗加工一次完成；精加工也一次完成，单边切削量为 0.5 mm。

(5) 工件坐标系。

以零件右端面与回转轴线交点为工件原点，坐标系如图 3—9 所示。用 G54 设定工件坐标系，设定方法与前面所介绍的完全相同。

程序如下：

```
O0401;
N010 G54;                    调用 G54 坐标系
N020 S300 M03;               主轴正转，转速为 300 r/min
N030 M08;                    送切削液
N040 G00 X55.0 Z0;           定位，快速到达端面的径向外
N050 G01 X-0.5 F0.3;         车削端面
N060 G00 Z2.0;               退刀
N070 X46.0;                  定位
N080 G01 Z-60.0 F0.3;        粗车外圆
N090 X55.0;                  车端面
N100 G00 Z2.0;               退刀
```

N110 X45.0 S600;	ϕ45 外圆定位，主轴转速为 600 r/min
N120 G01 Z-60.0 F0.15;	精车 ϕ45 外圆
N130 X55.0;	退刀
N140 G00 Z100.0 M09;	关切削液
N150 M05;	主轴停
N160 M30;	程序结束

3.2.5 综合举例

1. 轴类零件

【例 3—2】图 3—10 所示是零件的图样，毛坯为 ϕ40 mm × 100 mm 棒料，材料为 45 钢。

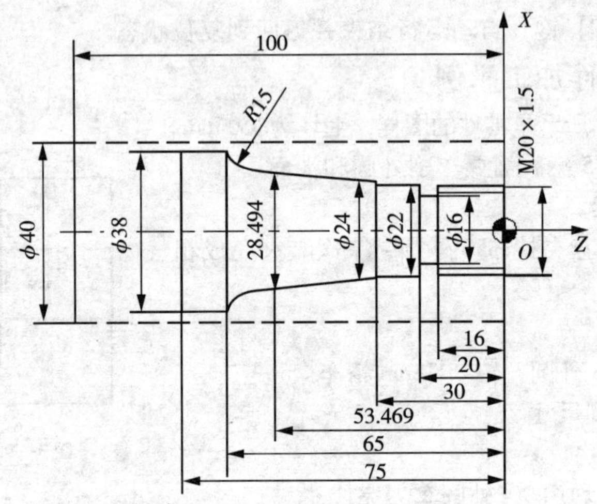

图 3—10 轴类零件的车削实例

（1）确定工艺方案。

采用三爪自定心卡盘夹持 ϕ40 外圆，棒料伸出卡盘外约 85 mm，找正后一次装夹完成粗、精加工。

（2）确定刀具。

分析零件图以后，确认该零件加工需要 3 把刀具。选定 1 号刀为硬质合金机夹车刀；2 号刀为宽 4 mm 的硬质合金切槽刀；3 号刀为 60°硬质合金机夹螺纹车刀。

（3）工艺路线的设计。

① 用 1 号刀进行轮廓的粗车和精车，采用粗车循环指令 G71 和精车循环指令 G70 进行编程；

② 用 2 号刀进行车槽加工；

③ 用 3 号刀车螺纹，采用 G76 指令编程；

④ 用 2 号刀切断工件。

（4）确定切削用量。

粗车轮廓时车削深度为 1.5 mm，退刀量为 2 mm，进给量为 1.3 mm/r，主轴转速为800 r/min；精车轮廓时进给量为 0.15 mm/r，主轴转速为 1 200 r/min。粗车完毕后，X 向单边精车余量为 0.2 mm，Z 向单边精车余量为 0.1 mm；车槽时进给量为 0.15 mm/r，主轴转速为600 r/min，车刀进入槽底部进给暂停 2 s。

（5）确定工件坐标系。

以零件右端面与回转轴线交点为工件原点，坐标系如图 3—10 所示。用 G54 设定工件坐标系，设定方法与前面所介绍的完全相同。

程序如下：

```
O04002;
N010 G54;                                调用 G54 坐标系
N020 S800 M03;                           主轴正转，转速为 800 r/min
N030 M08;                                送切削液
N040 T0101;                              换 1 号车刀，导入刀具补偿
N050 G00 X50.0 Z5.0;                     快速到达循环起刀点定位
N060 G94 X0 Z0 F0.15;                    端面固定循环车削端面
N070 G90 X40.0 Z-80.0 F1.3;              外径车削固定循环刮毛坯外径
N080 G71 U1.5 R2.0;                      外圆粗车循环，N100 ～ N170 为循环部分轮廓
N090 G71 P100 Q170 U0.4 W0.1;
N100 G00 X20;                            下刀
N110 G01 Z-20.0 F0.15 S1200              车削螺纹部分圆柱，主轴转速为 1 200 r/min，进给量
                                         为 0.15 r/min
N120 X22.0;                              车削槽处的台阶端面
N130 Z-30.0;                             车削 φ22 外圆
N140 X24.0;                              车削台阶
N150 X28.494 Z-53.469;                   车圆锥
N160 G02 X38.0 Z-65.0 R15.0;             车削 R15 的圆弧
N170 G01 Z-80.0;                         车削 φ38 外圆
N180 G70 P100 Q170;                      从 N100 ～ N170 精车轮廓
N190 G00 X100.0;                         刀具沿径向快退
N200 Z200.0;                             刀具沿轴向快退
N210 T0202;                              换 2 号车刀，导入刀具补偿
N220 G00 X24.0 Z-20.0 S600;              2 号车刀快速定位，主轴转速为 600 r/min
N230 G01 X16.0 F0.15;                    车槽
N240 G04 X2.0;                           暂停 2 s，修光槽底
N250 G00 X24.0;                          径向退刀
N260 X100.0 Z200.0;                      回到换刀点
N270 T0303;                              换 3 号车刀，导入刀具补偿
N280 G00 X21.0 Z3.0;                     快速到达螺纹加工起始位置，轴向有引入长度 3 mm
N290 G76 X18.052 Z-18.0 I0 K0.974 D0.4 F1.5 A60 P1;
                                         螺纹循环加工
N300 G00 X100.0;                         刀具沿径向快退
N310 Z200.0;                             刀具沿轴向快退
N320 T0202;                              换 2 号车刀，导入刀具补偿
```

N330 X42.0 Z-79.0;	快速到达切断位置
N340 G01 X0 F0.15;	切断进给
N350 X42.0 F1.3;	切断完毕后沿径向退出
N360 G00 X100.0;	刀具沿径向快退
N370 Z200.0;	刀具沿轴向快退
N380 T0101;	换1号刀，为下一个零件的加工做准备
N390 M09;	关冷却液
N400 M05;	主轴停止
N410 M30;	程序结束

2. 套筒类零件

【例3—3】 如图3—11所示为一套筒类零件，所选毛坯为ϕ112 mm×143 mm棒料，预留ϕ75 mm内孔，图中长度为51 mm的外径，以两次装夹来进行加工，本次编程不加工，材料为45钢。

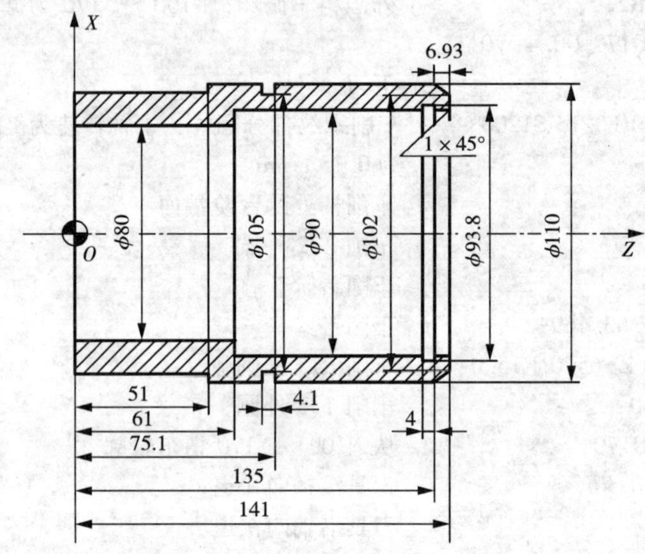

图3—11 套筒类零件加工实例

(1) 确定工艺方案。

该工件壁厚较大，从零件图上可以看出设计基准在左端面，因此选择左端面和外圆作为定位基准，采用三爪自定心卡盘夹持，取工件左端面中心为工件坐标系坐标原点，换刀点选择在（200，400）处，找正后一次装夹完成粗、精加工。

(2) 确定刀具。

分析零件图以后，确认该零件加工需要6把刀具。选定1号刀为90°硬质合金机夹粗车外圆偏刀，刀尖半径为R0.5 mm；2号刀为内圆粗车刀，刀尖半径为R0.5 mm；3号刀为90°硬质合金机夹精车外圆偏刀，刀尖半径为R0.2 mm；4号刀为车槽刀，刀宽4 mm；5号刀为内圆精车刀，刀尖半径为R0.2 mm；6号刀为车槽刀，刀宽4.1 mm。

(3) 工艺路线的设计。

① 下料为ϕ112 mm×141 mm棒料，预留ϕ75 mm内孔，调质处理220～250 HBS；

② 用 1 号刀粗车端面、外圆锥面和 ϕ110 mm 外圆，单边留 0.25 mm 精车余量；

③ 用 2 号刀粗车内阶梯孔，X 向单边留 0.25 mm 精车余量，Z 向单边留 0.5 mm 精车余量；

④ 用 3 号刀精车端面、外圆锥面和 ϕ110 mm 外圆；

⑤ 用 4 号刀切 4 × ϕ93.8 mm 的槽；

⑥ 用 5 号刀精车内阶梯孔和倒角；

⑦ 用 6 号刀切 4.1 mm × 2.5 mm 的槽。

(4) 确定切削用量。

① 粗车外轮廓时径向车削深度为 0.75 mm，进给量为 0.2 mm/r，主轴转速为 300 r/mm；

② 粗车内阶梯孔时径向最大车削深度为 4 mm，进给量为 0.3 mm/r，主轴转速为 300 r/min；

③ 精车端面、外圆锥面和 ϕ110 mm 外圆时，进给量为 0.08 mm/r，主轴转速为 600 r/min；

④ 切 4 × ϕ93.8 mm 的槽时，进给量为 0.2 mm/r，主轴转速为 200 r/min，车刀进入槽底部进给暂停 2 s；

⑤ 精车内阶梯孔时，进给量为 0.08 mm/r，主轴转速为 600 r/min；

⑥ 切 4.1 mm × 2.5 mm 的槽时，进给量为 0.1 mm/r，主轴转速为 240 r/min，车刀进入槽底部进给暂停 2 s。

(5) 确定工件坐标系。

取工件左端面中心为工件坐标系坐标原点，对刀点选择在（200，400）处，坐标系如图 3—11 所示。用 G54 设定工件坐标系，设定时只是将 3.2.2 节所介绍方法中的第（14）步“沿 X 向退刀，使刀具离开工件，Z 向尺寸不动”改为“沿 X 向退刀，使刀具离开工件，Z 向尺寸不动，测量刀尖距卡盘端面距离”，第（21）步“输入 Z0”中的“0”改为“所测量刀尖距卡盘端面距离”，其余设定方法与前面所介绍的完全相同。

程序如下：

```
O0403;
N010 G54;                          调用 G54 坐标系
N020 S300 M03;                     主轴正转，转速为 300 r/min
N030 M08;                          送切削液
N040 T0101;                        换 1 号车刀，导入刀具补偿
N050 G00 X118.0 Z141.5;            快速到达粗车端面点定位
N060 G01 X32.0F0.2;                粗车端面
N070 G00 X103.0;                   短锥面定位
N080 G01 X110.5 Z117.678 F0.2;     粗车短锥面
N090 Z48.0;                        粗车 φ110 mm 外圆
N100 G00 X200.0 Z400.0;            返回换刀点
N110 T0202;                        换 2 号车刀，导入刀具补偿
N120 G00 X89.5 Z145.0;             快速到达粗车内孔点定位
N130 G01 Z61.5 F0.3;               粗车 φ90 mm 内孔
N140 X79.5;                        粗车内孔阶梯面
N150 Z-5.0;                        粗车 φ80 mm 内孔
N160 G00 X75.0;                    径向退刀
```

N170 Z180.0;	轴向退刀
N180 G00 X200.0 Z400.0;	返回换刀点
N190 T0303;	换3号车刀，导入刀具补偿
N200 G00 X70.0 Z145.0 S600;	定位，主轴转速为600 r/min
N210 G01 Z141.0 F0.08;	*Z*向直线切削到尺寸
N220 X102.0;	精车端面
N230 X110.0 W-6.93;	精车短锥面
N240 Z48.0;	精车 ϕ110 mm 外圆
N250 X112.0;	径向退刀
N260 G00 X200.0 Z400.0;	返回换刀点
N270 T0404;	换4号车刀，导入刀具补偿
N280 G00 X80.0 Z180.0 S200;	定位，主轴转速为200 r/min
N290 Z131.0;	车槽刀准确定位
N300 G01 X93.8 F0.2;	车槽
N310 G04 X2.0;	暂停2 s，修光槽底
N320 G00 X80.0;	刀具沿径向快退
N330 Z180.0;	刀具沿轴向快退
N340 G00 X200.0 Z400.0;	返回换刀点
N350 T0505;	换5号车刀，导入刀具补偿
N360 G00 X92.0 Z142.0 S600;	定位，主轴转速为600 r/min
N370 G01 X90.0 Z140.0 F0.08;	内孔倒角
N380 Z61.0;	精车 ϕ90 mm 内孔
N390 X80.0;	精车内孔阶梯面
N400 Z-5.0;	精车 ϕ80 mm 内孔
N410 G00 X75.0;	径向退刀
N420 Z180.0;	轴向退刀
N430 G00 X200.0 Z400.0;	返回换刀点
N440 T0606;	换6号车刀，导入刀具补偿
N450 G00 X115.0 Z71.0 S240;	定位，主轴转速为240 r/min
N460 G01 X105.0 F0.1;	切4.1 mm×2.5 mm 的槽
N470 G04 X2.0;	暂停2 s，修光槽底
N480 X115.0;	沿径向退刀
N490 G00 X200.0 Z400.0;	返回换刀点
N500 M09;	关冷却液
N510 M05;	关主轴
N520 M30;	程序结束

思考题

1. 数控卧式车床一般有哪些主要技术参数？
2. 数控车床电器控制面板上有哪些按/旋钮，各起什么作用？
3. 数控车床系统控制面板上有哪些按/旋钮，各起什么作用？
4. 数控系统的回参考点操作有何重要意义？
5. 如何进行对刀操作？
6. 自动运行前必须做好哪些准备工作？

第 4 章　数控铣床程序编程

4.1　数控铣床编程基础

数控铣床发展非常迅速，随着价格的降低，其应用越来越普遍，目前主要用于平面、沟槽、复杂空间曲面和孔加工等。数控铣床所加工零件的尺寸精度可达 IT5 ～ IT6，表面粗糙度可达 1.6 μm。

数控铣床与普通铣床相比具有加工精度高、加工灵活、加工通用性好、生产率高、质量稳定、可靠性高、工艺能力强等优点，特别适合多品种、小批量形状复杂零件的加工，在生产中有着至关重要的地位。数控铣床最适合模具零件的加工，因为它可以大大缩短模具的制造周期，同时还可以保证模具的加工质量。

数控铣床种类繁多、规格不一，主要有立式数控铣床、卧式数控铣床、专用数控铣床等，按照数控铣床的档次分为简易数控铣床、经济型数控铣床、高速数控铣床、高精度数控铣床、数控加工中心等。数控机床最突出的特点就是用程序控制机床加工过程，本章主要以立式数控铣床为例来介绍其程序编制。

4.1.1　数控铣床功能特点

不同档次的数控铣床的功能有较大的差别，但都具备以下主要功能特点：

（1）铣削加工。数控铣床一般应具有三坐标以上的联动功能，能够进行直线插补和圆弧插补，自动控制旋转的铣刀相对于工件运动进行铣削加工。坐标联动轴数越多，对工件的装夹要求就越低，定位和安装次数就越少，所以加工工艺范围就越大。

（2）孔加工及螺纹加工。可以采用孔加工刀具进行钻、扩、铰、锪、镗削等加工；也可以采用铣刀铣削不同尺寸的孔。在数控铣床上可采用丝锥加工螺纹孔，也可采用螺纹铣刀铣削内螺纹和外螺纹，这种方法比传统的丝锥加工效率要高很多。

（3）刀具半径自动补偿功能。使用这一功能，在编程时可以很方便地按工件实际轮廓形状和尺寸进行编程计算，而加工中可以使刀具中心自动偏离工件轮廓一个刀具半径，从而加工出符合要求的轮廓表面。也可以利用该功能，通过改变刀具半径补偿量的方法来弥补铣刀造成的尺寸精度误差，扩大刀具直径选用范围及刀具返修刃磨的允许误差，还可以利用改变刀具半径补偿值的方法，用同一加工程序实现分层铣削和粗、精加工或用于提高加工精度。此外，通过改变刀具半径补偿值的正、负号，还可以用同一加工程序加工某些需要相互配合的工件（如相互配合的凹凸模等）。

（4）刀具长度补偿功能。利用该功能可以自动改变切削平面高度，同时可以降低在制造与返修时对刀具长度尺寸的精度要求，还可以弥补轴向对刀误差。

（5）固定循环功能。利用数控铣床对孔进行钻、扩、铰、锪和镗加工时，加工的基本动作是：刀具中心无切削快速到达孔位中心—慢速切削进给—快速退回。对于这种典型化动作，系统有相应的循环指令，也可以专门设计一段程序（子程序），在需要的时候进行调用来实现上述加工循环。特别是在加工许多相同的孔时，应用固定循环功能可以大大简化程序。利用数控铣床的连续轮廓控制功能时，也常常遇到一些典型化的动作，如铣整圆、方槽等，也可以实现循环加工。对于大小不等的同类几何形状（圆、矩形、三角形、平行四边形等），也可以用参数方式编制出加工各种几何形状的子程序，在加工中按需要调用，并对子程序中设定的参数随时赋值，就可以加工出大小不同或形状不同的工件轮廓及孔径、孔深不同的孔，这种程序也叫做宏程序。目前，已有不少数控铣床的数控系统附带有各种已经编制好的子程序库，并可以进行多重嵌套，用户可以直接加以调用，使得编程更加方便。

(6) 镜像加工功能。镜像加工也称为轴对称加工。对于轴对称形状的工件来说，利用这一功能，只要编出一半形状的加工程序就可完成全部加工。数控铣床一般还有缩放功能，对于完全相似的轮廓也可以通过调用子程序的方法完成加工。

(7) 子程序功能。对于需要多次重复的加工动作或加工区域，可以将其编成子程序，在主程序需要的时候调用它，并且可以实现子程序的多级嵌套，以简化程序的编写。

(8) 数据输入/输出及 DNC 功能。数控铣床一般通过 RS232C 接口进行数据的输入及输出，包括加工程序和机床参数等，可以在机床与机床之间、机床与计算机之间进行（一般也叫做脱线编程），以减少编程占机时间。近来数控系统有所改进，有些数控机床可以在加工的同时进行其他零件的程序输入。

数控铣床按照标准配置提供的程序存储空间一般都比较小，尤其是中、低档的数控铣床，大概在几十 K 至几百 K 之间。当加工程序超过存储空间时，就应当采用 DNC 加工，即外部计算机直接控制数控铣床进行加工，这在加工曲面时经常遇到，一般也叫它在线加工。否则，只有将程序分成几部分分别执行，这种方法既操作繁琐，又影响生产效率。随着三维造型软件的升级，利用软件造型和后置处理，在线加工应用已经非常普遍了。

(9) 自诊断功能。自诊断是数控系统在运转中的自我诊断。当数控系统一旦发生故障，系统即出现报警，并有相应报警信息出现。借助系统的自诊断功能，往往可以迅速、准确地查明原因并确定故障部位。它是数控系统的一项重要功能，对数控机床的维修具有重要作用。

4.1.2 数控铣床坐标系和参考点

1. 数控铣床坐标系

(1) 坐标系的确定原则。

我国 2005 施行了 GB/T 19660—2005，其中规定数控铣床坐标系的命名原则如下：

① 刀具相对于静止工件而运动的原则。这一原则使编程人员能在不知道是刀具移近工件还是工件移近刀具的情况下，就可依据零件图样，确定机床的加工过程。也就是说，在编程时，总是把工件看作静止的，刀具的关键点沿着工件轮廓运动进行加工。

② 标准坐标（机床坐标）系的规定。在数控机床上，机床的动作是由数控装置来控制的，为了确定机床上的成形运动和辅助运动，必须先确定机床上运动的方向和运动的距离，这就需要一个坐标系才能实现，这个坐标系就称为机床坐标系。

标准的机床坐标系是一个右手笛卡儿直角坐标系。这个坐标系的 X、Y、Z 坐标轴与机床的主要导轨相平行，它与安装在机床上并且按机床的主要直线导轨找正的工件相关。主运动是 Z 轴，X 轴是水平的，根据右手法则，确定 Y 轴，并且可以很方便地确定出 A、B、C 三个旋转坐标的方向。

③ 运动的方向。数控机床的某一部件运动的正方向，是增大工件和刀具之间距离的方向为坐标轴的正方向，即刀具远离工件的方向。

（2）坐标轴的规定。

Z 轴定义为机床主轴或平行于主轴的坐标轴，如果机床有一系列主轴，则选尽可能垂直于工件装夹面的主轴为 *Z* 轴，其正方向定义为从工作台到刀具夹持的方向，即刀具远离工作台的运动方向。

X 轴为水平的、平行于工件装夹平面的坐标轴，它平行于主要的切削方向，且以此方向为正方向。

Y 轴的正方向则根据 *X* 轴和 *Z* 轴的方向按右手法则确定。

相应的，旋转坐标轴 *A*、*B* 和 *C* 的正方向可在 *X*、*Y*、*Z* 坐标轴的正方向上按右手螺旋前进的方向来确定。图 4—1（a）、（b）所示分别为典型立式数控铣床和卧式数控铣床的坐标系。

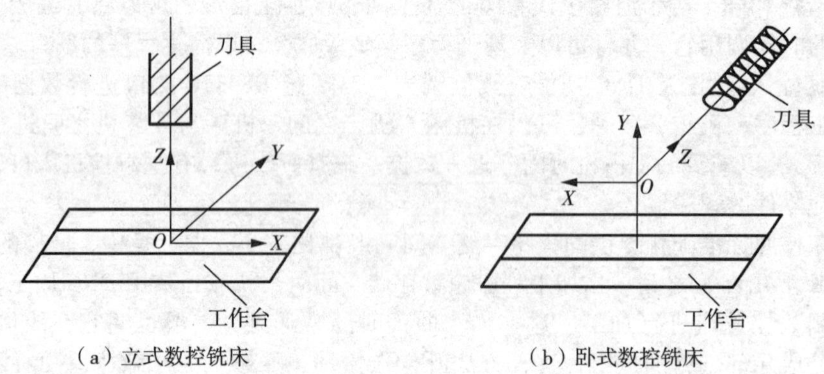

图 4—1　数控铣床坐标泵

（3）机床坐标系的原点。

在确定了机床各坐标轴及方向后，还应进一步确定坐标系原点的位置。

机床坐标系的原点即机床原点，是指在机床上设置的一个固定点。它在机床装配、调试时就已确定下来了，是数控机床进行加工运动的基准点，由机床制造厂家确定。

2. 数控铣床参考点

在数控铣床上，机床参考点一般取在 *X*、*Y*、*Z* 三个直角坐标轴正方向的极限位置上。在数控机床回参考点（也叫做回零）操作后，CRT 显示的是机床参考点相对机床坐标原点的相对位置的数值。对于编程人员和操作人员来说，它比机床原点更重要。对于某些数控机床来说，坐标原点就是参考点。

机床参考点也称为机床零点。机床启动后，首先要将机床返回参考点（回零），即执行手动返回参考点操作，使各轴都移至机床参考点。这样在执行加工程序时，才能有正确的工件坐标系。数控铣床的坐标原点和参考点往往不重合，由于系统能够记忆和控制参考点的准确位置，因此对操作者来说，参考点显得比坐标原点更重要。

4.1.3　工件坐标系

数控机床总是按照自己的坐标系作相应的运动，要想使工件的关键点摆放在数控机床的某一特定位置上是难以实现的，根据机床的坐标系编制相应的加工程序也是十分麻烦的。因此，为了编程方便和装夹工件方便，必须建立工件坐标系。

1. 工件坐标

工件坐标系的各坐标轴名称和方向必须与所使用的数控机床坐标系相应的名称和方向相同。

2. 工件坐标系的原点

工件坐标系的原点是指根据加工零件图样选定的编制零件程序的原点，即编程坐标系的原点。编程原点由编程人员自己确定，应该尽量选择在零件的设计基准或工艺基准上，或者是工件的对称中心上，并考虑到编程的方便性。

3. 机床坐标系和工件坐标系之间的联系

机床有自己的坐标系，是按标准和规定建立起来的，各数控机床制造厂商必须严格执行。工件也有自己的坐标系，是由编程人员根据加工实际情况和所用机床来确定的。两者各对应坐标轴的名称和方向是相同的，差别在于工件的坐标原点和机床的坐标原点不同。当工件安装在机床上以后，二者的原点是绝对不可能重合的，工件的原点相对于机床的原点，在 *X*、*Y*、*Z* 方向有位移量，通过对刀操作可以测定。因此，编程人员在编制程序时，只要根据零件图样就可以选定编程原点，建立编程坐标系，计算坐标数值，而不必考虑工件毛坯装夹的实际位置。

对加工人员来说，则应在装夹工件、调试程序时，确定加工原点的位置，并在数控系统中给予设定（即给出原点设定值），这样数控机床才能按照准确的加工位置进行加工。数控操作人员确定工件原点相对机床原点的操作过程，称为对刀。有两点需要特别说明：其一，寄存器中填写的数值是基准刀的关键点与工件原点重合时 CRT 显示的相应坐标值；其二，加工同一个工件时所用到的所有刀具都需要对刀（也可以机外对刀）。

程序在执行时，系统首先把对刀设定值从寄存器中读出，然后附加在程序的相应值上，并按机床的坐标系作相应的运动，这样刀具就能沿着理想的路径加工出工件的轮廓。

4.1.4　数控铣削基本功能指令

1. 准备功能 G 指令

数控铣床加工中最常用的指令就是 G 指令，如表 4—1 所列。

表 4—1　　**FANUC 15 系统的 G 指令**

G 指令	组群	功能	G 指令	组群	功能
* G00	01	快速点定位	G22	04	软体极限设定
G01		直线插补	G23		软体极限设定取消
G02		顺时针方向圆弧插补	G27	00	机床原点回归检测
G03		逆时针方向圆弧插补	G28		自动经中间点回归机床原点
G04	00	暂停指令	G29		自动从机床原点经中间点至参考点
G10		设定程序偏移值	* G40	07	刀具半径补偿取消
* G15	17	极坐标系统取消	G41		刀具半径左补偿
G16		极坐标系统设定	G42		刀具半径右补偿

续前表

G 指令	组群	功能	G 指令	组群	功能
* G17	02	*XY* 平面设定	G43	08	刀具长度正向补偿
G18		*XZ* 平面设定	G44		刀具长度负向补偿
G19		*YZ* 平面设定	* G49		刀具长度补偿取消
G20	06	英制单位设定	G45	00	刀具位置增加一倍补偿值
* G21		公制单位设定	G46		刀具位置减少一半补偿值
G47	00	刀具位置增加两倍补偿值	G81	09	钻孔循环
G48		刀具位置减少两倍补偿值	G82		盲孔钻孔循环
G54	14	第一工件坐标系设定	G83	09	钻孔循环
G55		第二工件坐标系设定	G84		右螺纹攻螺纹循环
G56		第三工件坐标系设定	G85		铰孔循环
G57		第四工件坐标系设定	G86		镗孔循环
G58		第五工件坐标系设定	G87		反镗孔循环
G59		第六工件坐标系设定	G88		手动退刀盲孔镗孔循环
G65	00	自设程序（宏程序）	G89		盲孔铰孔循环
G68	16	坐标系旋转	G90	03	绝对值坐标系统
G69		坐标系旋转取消	G91		增量值坐标系统
G73	09	深钻孔循环	G92	00	工件坐标系设定
G74		左螺纹攻螺纹循环	G98	10	返回固定循环起始点
G76		精钻孔循环	G99		返回固定循环参考点（*R* 点）
* G80		固定循环取消			

注：1. “＊”为开机时系统的起始设定功能即默认值，如 G40、G49、G80 等。

2. 属于“00 组群”的 G 指令为非模态 G 指令。

3. “00 组群”以外的 G 指令为模态 G 指令。

4. 在同一程序段中，同一组群的 G 指令仅能设定一个。若重复设定，则最后一个 G 指令有效。

2. 辅助功能 M 指令

在数控机床加工过程中，利用程序控制机床动作时，主要利用辅助功能 M 指令，如表 4—2 所列。

表 4—2　　FANUC 15 系统的 M 指令

M 指令	功能	M 指令	功能
M00	程序暂停	M07	喷雾开启
M01	选择性程序停止	M08	切削液开启
M02	程序结束	M09	喷雾关或切削液关
M03	主轴正转	M19	主轴定位
M04	主轴反转	M30	程序结束
M05	主轴停止	M98	调用子程序
M06	刀具交换	M99	调用子程序结束，返回主程序

3. 其他功能

系统 F 功能指令控制进给，它后面的数字表示进给量的大小。系统 S 功能指令控制主轴，它后面的数字表示主轴转速的大小。系统 T 功能指令是刀具功能，它后面的数字表示刀具号。

4.2　数控铣床 G 指令

4.2.1　坐标系设定指令

1. 设定指令 G92

格式：G92 X_ Y_ Z_；

例如：G92 X200.0 Y200.0 Z200.0；

2. 工作坐标系的原点设置选择指令 G54～G59

如图 4—2 所示，铣凸台时用 G54 设置原点，铣槽用 G55 设置原点，编程时比较方便。工件可设置 G54～G59 共六个工作坐标系原点。工作原点数据值可通过对刀操作后，预先输入机床的偏置寄存器中，编程时不体现。

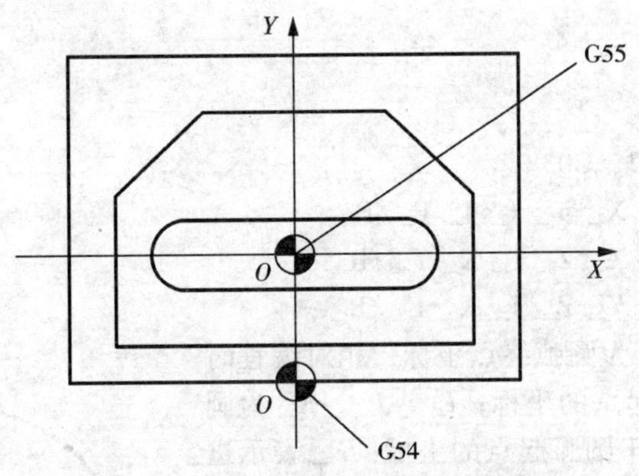

图 4—2　同一零件的两个坐标原点设定

3. 绝对值坐标指令 G90 和增量值坐标指令 G91

对于这两个指令，需要说明以下两点：

（1）编程时注意 G90、G91 模式间的转换。

（2）使用 G90、G91 时无混合编程。

4. 平面选择指令 G17、G18 和 G19

平面选择指令 G17、G18 和 G19 分别用来指定程序段中刀具的圆弧插补平面和刀具半径补偿平面。其中，G17 指定 *XY* 平面；G18 指定 *ZX* 平面；G19 指定 *YZ* 平面。数控铣床初始状态为 G17。

4.2.2　基本指令

1. 快速点定位指令 G00 和直线插补指令 G01

格式：G00 X_ Y_ Z_；

　　　G01 X_ Y_ Z_ F_；

其中，*F* 指定进给速度，单位为 mm/min。

【例 4—1】使用 G00、G01 指令，完成图 4—3 所示路径的编程。

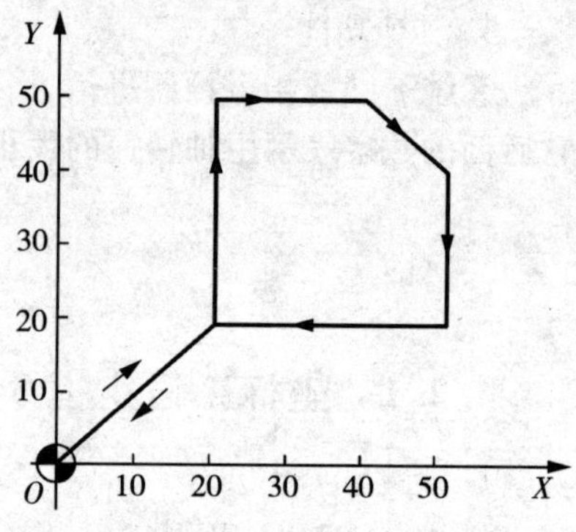

图 4—3 G00、G01 指令的使用

程序如下：

```
O0001;
G90 G54;
M03 S500 F200;
G00 X0.0 Y0.0;
Z-5.0;
G01 X20.0 Y20.0 F100;
Y50.0;
X40.0;
X50.0 Y40.0;
Y20.0;
X20.0;
G00 X0 Y0;
Z100.0;
M05;
M30;
```

2. 圆弧插补指令 G02、G03

格式：G17 G02/G03 X_ Y_ I_ J_ F_/R_;

G18 G02/G03 X_ Z_ I_ K_ F_/R_;

G19 G02/G03 Y_ Z_ J_ K_ F_/R_;

其中，*X_*、*Y_*、*Z_* 为圆弧终点坐标，相对编程时是圆弧终点相对于圆弧起点的坐标；*I_*、*J_*、*K_* 为圆心在 *X*、*Y*、*Z* 轴上相对于圆弧起点的坐标：*F_* 表示进给量；*R_* 为圆弧半径。

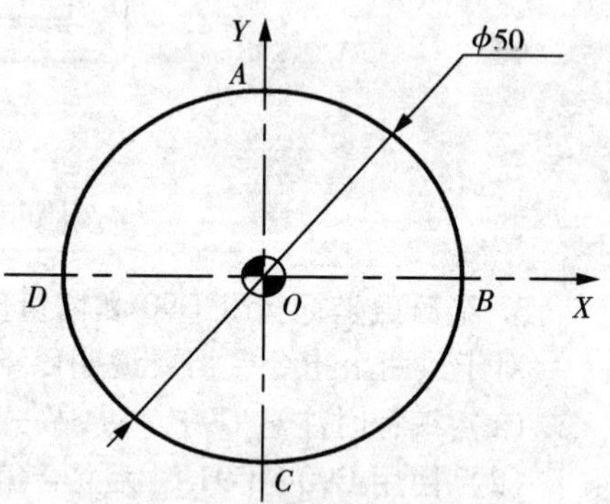

图 4—4 G02、G03 指令的使用

现代 CNC 系统中，采用 I、J、K 指令，则圆弧是唯一的；用 R 指令时须规定圆弧角，当圆弧角 $\theta > 180°$ 时，*R* 值为负（当然各系统规定有所不同）。一般圆弧角 $\theta \leq 180°$ 的圆弧用 R 指令，其余用 I、J、K 指令。

【例 4—2】完成图 4—4 所示加工路径的程序编制。

程序如下（刀具现位于点 *A* 上方，只描述轨迹运动）：

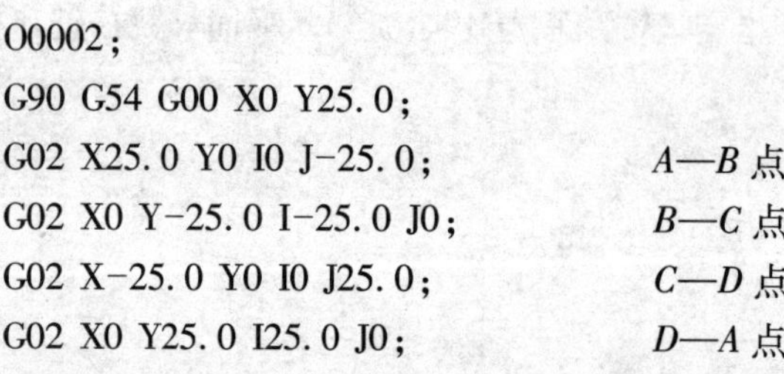

```
O0002;
G90 G54 G00 X0 Y25.0;
G02 X25.0 Y0 I0 J-25.0;        A—B 点
G02 X0 Y-25.0 I-25.0 J0;       B—C 点
G02 X-25.0 Y0 I0 J25.0;        C—D 点
G02 X0 Y25.0 I25.0 J0;         D—A 点
⋮
```

或

G90 G54 G00 X0 Y25.0；

G02 X0 Y25.0 I0 J-25.0；　　　　　　A—A 点整圆

3. 自动返回参考点指令 G28

格式：G90/G91 G28 X_ Y_ Z_；

例如：（1）G91 G28 Z0；

（2）G91 G28 X0 Y0 Z0；　　　　　　表示刀具从当前点返回参考点

（3）G90 G28 X_ Y_ Z_；　　　　　　表示刀具经过某一点后回参考点，避免碰撞

4. 暂停指令 G04

格式：G04 X_/P_；

例如：G04 X5.0；　　　　　　暂停 5 s

或

G04 P5000；　　　　　　暂停 5 s

4.2.3 固定循环加工指令

机械零件往往需要进行孔加工，所以孔加工也是最常见的加工工序。用普通钻床批量加工零件时，用钻模夹具保证位置精度，钻套还可以起到轴向定位的作用。利用数控铣床加工孔方便快捷，尤其是加工中心不仅可以加工高精度的孔，而且加工效率高。现代数控系统一般都具备钻孔、镗孔和螺纹加工功能。值得注意的是，利用数控铣床在实体上加工孔时，应该先用中心钻定位。

1. 孔加工循环的 6 个动作

加工一个孔可以分解为 6 个动作。数控系统提供有相应的指令，将 6 个动作用一个复合循环指令即可完成，简化了程序的编写步骤。这 6 个动作的分解如图 4—5 所示。

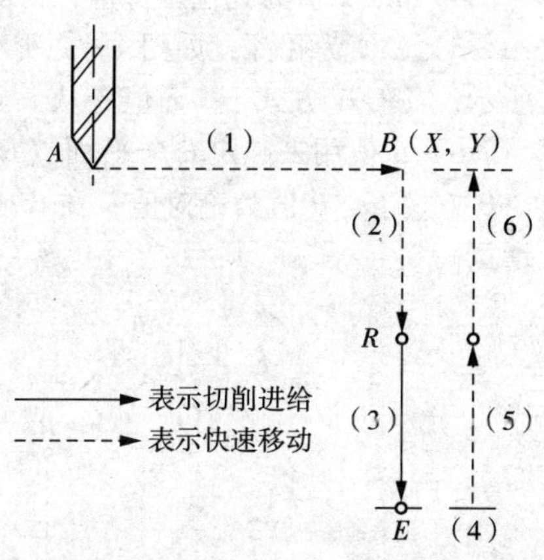

图 4—5　孔加工的 6 个动作分解

（1）*A*→*B* 为刀具快速定位到孔位坐标（*X*，*Y*）（即循环起点 *B*），*Z* 值进至起始高度。

（2）*B*→*R* 为刀具沿 *Z* 轴方向快进至安全平面（即 *R* 点平面）。

（3）*R*→*E* 为孔加工过程（如钻孔、镗孔、攻螺纹等），此时的进给速度为工作进给速度。

（4）*E* 点为孔底动作（如进给暂停、刀具偏移、主轴准停、主轴反转等）。

（5）*E*→*R* 为刀具快速返回 *R* 点平面。

（6）*R*→*B* 为刀具快退至起始高度（*B* 点高度）。

2. 固定循环指令

根据孔的长径比，可以把孔分为一般孔和深孔；根据孔的精度，可以把孔分为一般孔和高精度孔；还可以把孔分为光孔和螺纹孔。这些孔的加工各有自己的工艺特点。数控铣床不仅可以完成铣削加工任务，还可以进行钻孔、镗孔和攻丝加工。为此，数控铣床系统提供了多种适合于不同情况的孔加工固定循环指令，见表 4—1。

（1）固定循环指令格式。

固定循环指令格式：G90/G91 G98/G99 G×× X_ Y_ Z_ R_ Q_ P_ F_ L_；

说明：

1）G90、G91 分别为绝对值指令与增量值指令。

2）G98 和 G99 两个模态指令控制孔加工循环结束后的刀具返回平面，如图 4—6 所示。

① G98：刀具返回平面为起始平面（*B* 点平面），为缺省方式，如图 4—6（a）所示。

② G99：刀具返回平面为安全平面（*R* 点平面），如图 4—6（b）所示。

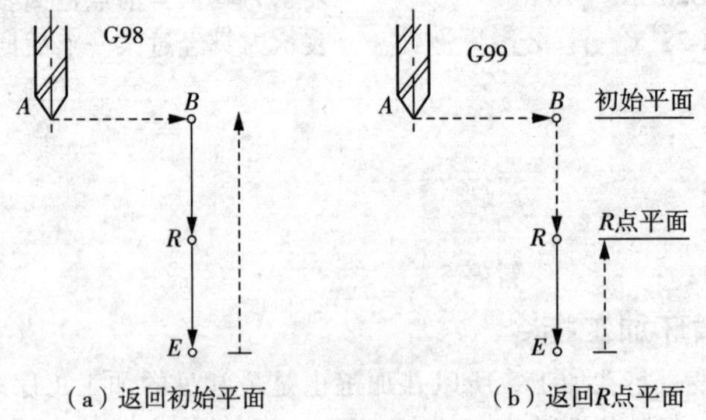

（a）返回初始平面　　（b）返回R点平面

图 4—6　刀具返回平面选择

3）G××为孔加工方式，对应于表 4—3 的固定循环指令。

4）*X*、*Y* 值为孔位坐标值，刀具以快进的方式到达（*X*，*Y*）点。

5）*Z* 值为孔深，如图 4—7 所示。在 G90 方式下，*Z* 值为孔底的绝对值，如图 4—7（a）所示；在 G91 方式下，*Z* 值是从 *R* 点平面到孔底的距离，如图 4—7（b）所示。

6）*R* 值用来确定安全平面（*R* 点平面），如图 4—7 所示。*R* 点平面高于工件表面。在 G90 方式下，*R* 值为绝对值；在 G91 方式下，*R* 值为从初始平面（*B* 点平面）到 *R* 点平面的增量。

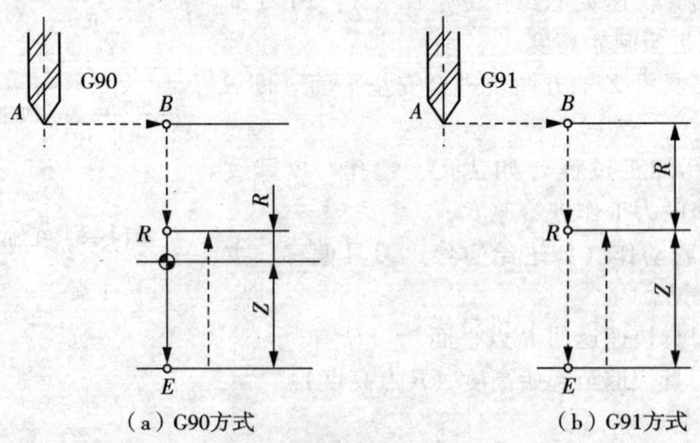

（a）G90方式　　（b）G91方式

图 4—7　孔深 Z 值的确定

7）*Q* 值在 G73 或 G83 方式下，规定分步切深；在 G76 或 G87 方式中规定刀具的退让值。*Q* 值通常在孔较深时使用，以使排屑和切削液进入切削区。

8）*P* 值规定在孔底的暂停时间，单位为 ms，用整数表示。

9）F 值为进给速度，单位为 mm/min。

10）L 值为循环次数执行一次可不写 L1；如果是 L0，则系统存储加工数据，但不执行加工。

固定循环指令是模态指令，可用 G80 取消循环。此外，G00、G01、G02、G03 也起取消固定循环指令的作用。

（2）固定循环指令。

① G73：高速深孔钻削循环指令，如图 4—8 所示。G73 指令是在钻孔时间段进给，有利于断屑和排屑，适于深孔加工。其中 q 为分步切深，最后一次进给深度 $\leqslant q$，退刀距离为 d（由系统内部设定）。

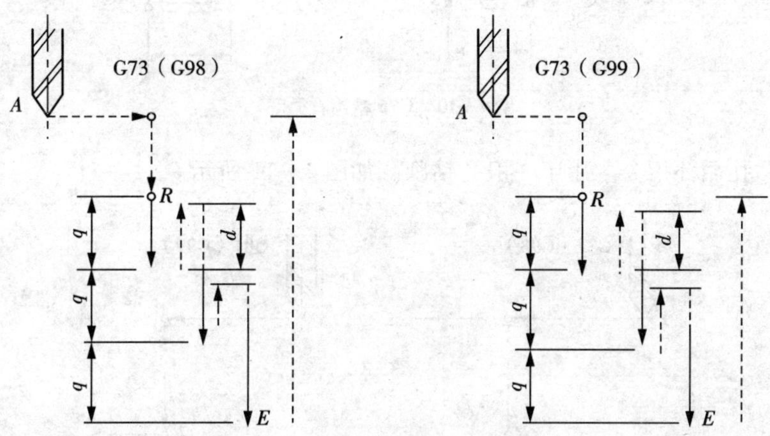

图 4—8　G73 高速深孔钻削循环

② G74：左旋攻螺纹循环指令，如图 4—9 所示。主轴在 R 点反向切削至 E 点，正转退刀。

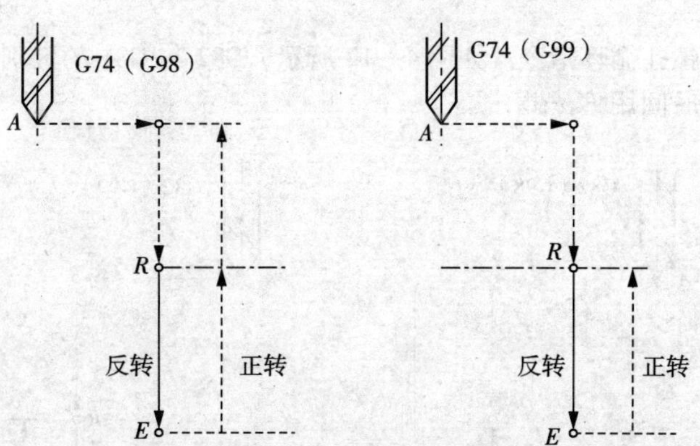

图 4—9　G74 左旋攻螺纹循环指令

③ G76：精镗孔循环指令，如图 4—10 所示。执行 G76 指令精镗至孔底后，有三个孔底动作：进给暂停（P）、主轴准停即定向停止（OSS）及刀具偏移 q 距离，然后刀具退出，这样可使刀尖不划伤精镗表面。

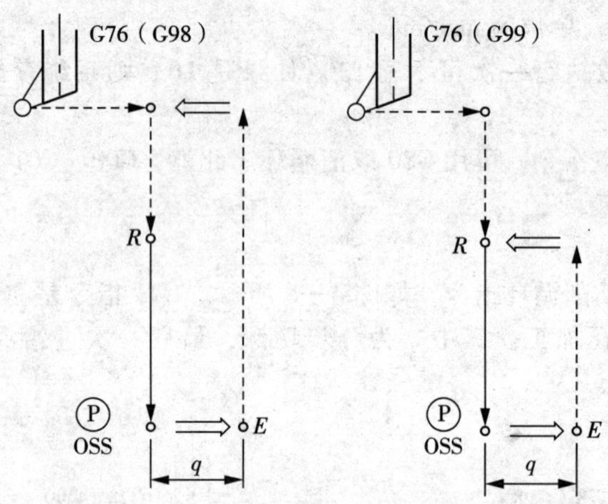

图 4—10　G76 精镗孔循环

④ G81：钻孔循环指令。用于一般孔钻削，如图 4—11 所示。

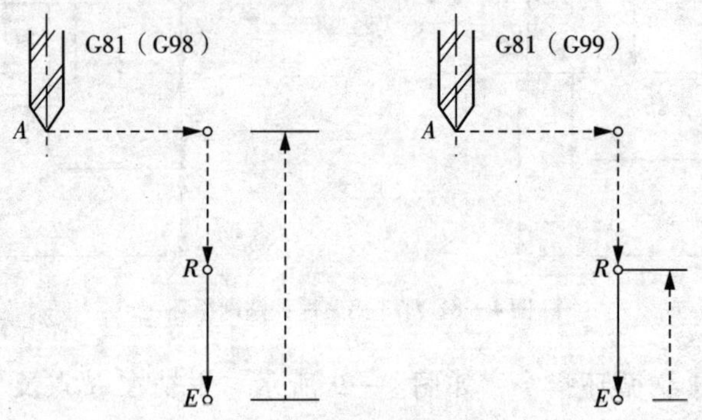

图 4—11　一般孔钻削循环

⑤ G82：钻孔、镗孔循环指令。如图 4—12 所示，G82 与 G81 的区别在于，G82 指令使刀具在孔底暂停，暂停时间用 P 来指定。

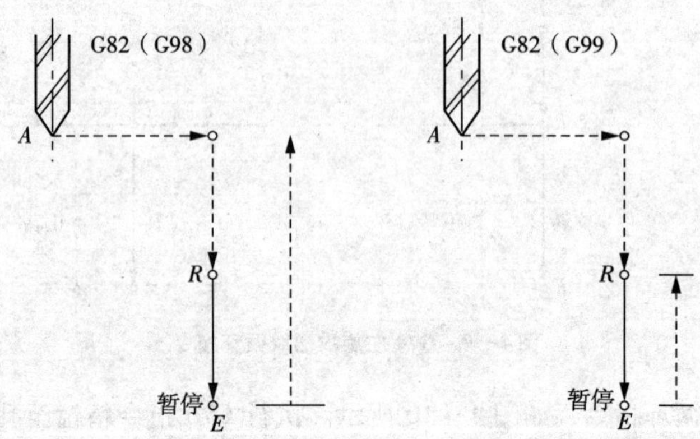

图 4—12　G82 钻孔、镗孔循环

⑥ G83：深孔钻削循环指令。如图 4—13 所示，其中 q、d 与 G73 相同；G83 与 G73 的区别在于，G83 指令在每次进刀 q 距离后返回 R 点，这样对深孔钻削时排屑有利。

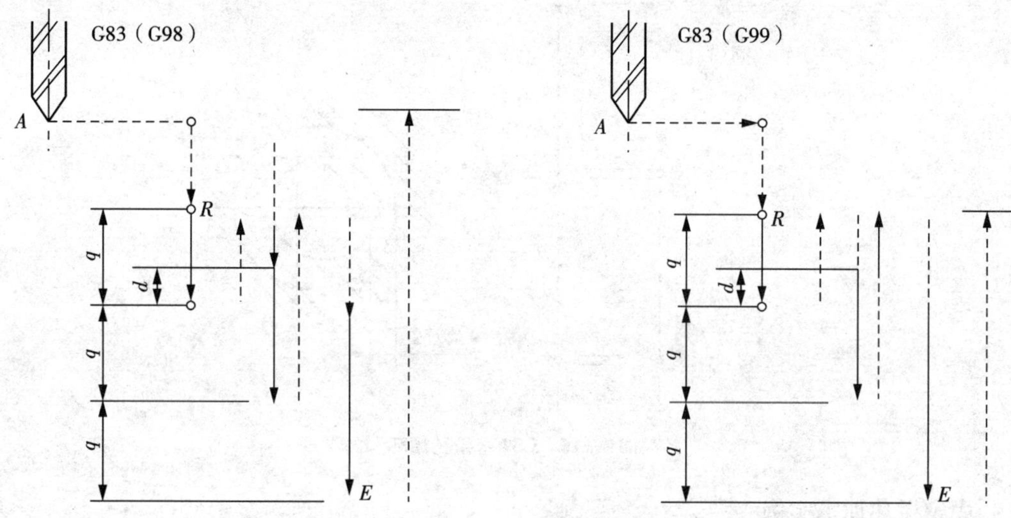

图 4—13　G83 深孔钻削循环

⑦ G84：右旋攻螺纹循环指令。G84 指令与 G74 指令中的主轴旋向相反，其他与 G74 指令相同。

⑧ G85：镗孔循环指令。如图 4—14 所示，主轴正转，刀具以进给速度镗孔至孔底后以进给速度退出（无孔底动作）。

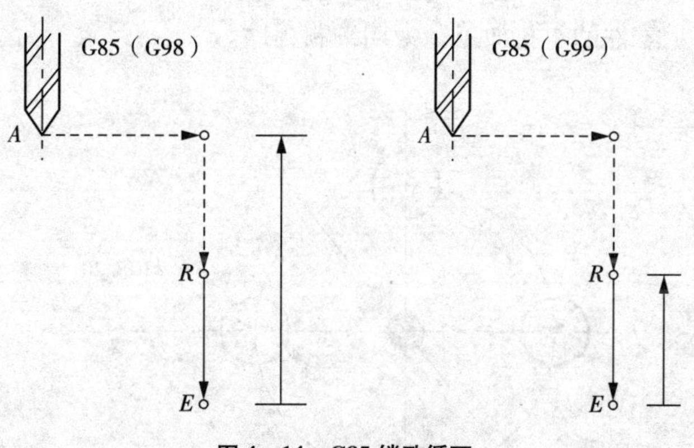

图 4—14　G85 镗孔循环

⑨ G86：镗孔循环指令。G86 与 G85 的区别在于，执行 G86 指令刀具到达孔底位置后，主轴停止，并快速退回。

⑩ G87：背镗孔循环指令。如图 4—15 所示，刀具运动到起始点 B（X，Y）后，主轴准停，刀具沿刃尖的反方向偏移 g 值，然后快速运动到孔底位置，主轴正转，刀具沿偏移值 q 正向返回，并向上进给运动至 R 点，再一次进行主轴准停，刀具沿刃尖的反方向偏移 q 值并快退，接着沿刀尖正方向偏移到 B 点，主轴正转，本加工循环结束，继续执行下一段程序。

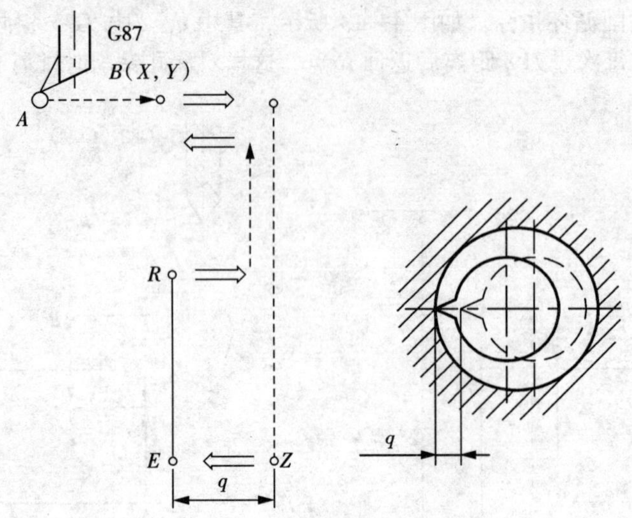

图 4—15　G87 背镗孔循环

3. 固定循环加工实例

常用固定循环指令格式如下：

钻孔格式：G73 X_ Y_ Z_ R_ Q_ F_ L_；

G81 X_ Y_ Z_ R_ F_ L_；

G83 X_ Y_ Z_ R_ Q_ P_ F_ L_；

镗孔格式：G76 X_ Y_ Z_ R_ Q_ P_ F_ L_；

攻螺纹格式：G84 X_ Y_ Z_ R_ P_ F_ L_；

完成图 4—16 所示零件的 4 孔加工，为期编制程序。

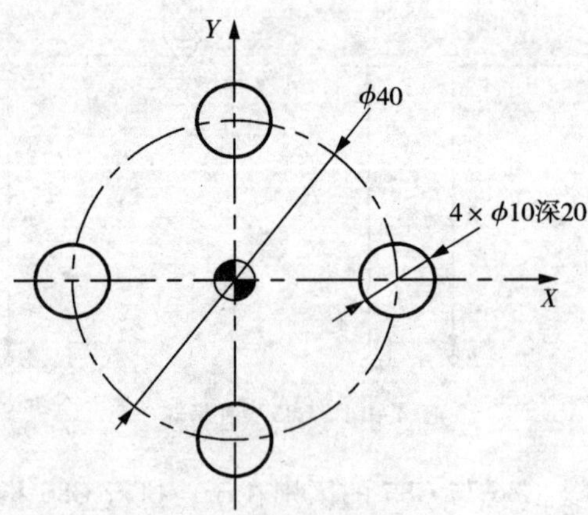

图 4—16　G81 钻孔应用

程序如下（使用 G81 指令）：

O0341；

G90 G54 G00 X0 Y0；

S500 M03 F100；

```
Z50.0;
G99 G81 X20.0 Z-20.0 R2.0 F50;
X0 Y20.0;
X-20.0 Y0;
G98 X0 Y-20.0;
G80 X0 Y0;
M05;
M30;
```

【例 4—3】 使用 G73 指令，完成图 4—17 所示孔的加工，并为其编程。

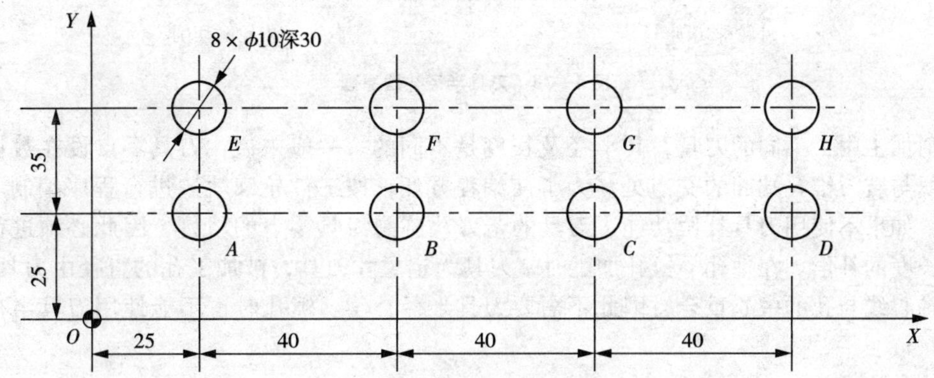

图 4—17　G73 高速钻孔循环指令应用

程序如下：

```
O0002;
G90 G54 G00 X0 Y0;                        建立工件坐标系
M03 S600 F100;                            主轴正转
G99 G73 X25.0 Y25.0 Z-30.0 R3.0 Q6.0 F50; 加工 A 孔
G91 X40.0 L3;                             加工 B、C、D 孔
Y35.0;                                    加工 H 孔
X-40.0 L3;                                加工 G、F、E 孔
G90 G80 X0 Y0;                            取消循环
M05;                                      主轴停转
G00 Z50.0;                                提刀
M30;                                      结束程序并返回
```

4.3　刀具补偿功能

在程序编写过程中，总是描述刀具上的关键点相对于工件的运动轨迹。对于数控车床来说，刀具简单，关键点就是刀尖。可是铣刀就不同了，它是多刃对称刀具，为了使编程简单，通常把关键点设在刀具的轴线和刀具的端面交点上。这样一来，如果不考虑刀具半径 r 值的大

小，就会出现多切入工件实体 r 值的现象。数控铣削系统具有刀具半径补偿功能，应用刀具半径补偿指令，系统能够自动让刀。使编写程序简单，并保障轮廓的正确性。刀具半径补偿原理如图 4—18 所示。

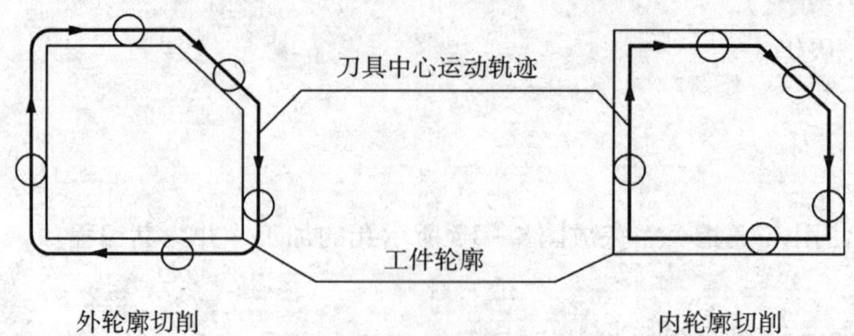

图 4—18　刀具半径补偿原理

铣削加工中，不同的刀具，其半径及长度是不同的。一般来说，刀具零点设在数控铣床主轴轴线与装刀锥孔端面的交点处。为了使编程方便，按工件轮廓轨迹进行程序编制。执行程序时，如果不使用刀具补偿功能，刀具的走刀轨迹是刀具零点的轨迹，因此必须进行刀具半径及长度的补偿。在钻孔、铰孔加工时，刀具为定尺寸刀具，被加工孔的直径由刀具保证，刀具的轴心线与孔的中心重合，因此不需要刀具半径补偿。镗孔时也不能使用刀具半径补偿功能。

4.3.1　刀具半径补偿

1. 不同平面内的刀具半径补偿

刀具半径补偿用 G17、G18、G19 指令在被选择的工作平面内进行补偿。比如当 G17 指令执行后，刀具半径补偿仅影响 X、Y 轴的移动，而对 Z 轴不起补偿作用。

2. 刀具半径左补偿指令 G41 与刀具半径右补偿指令 G42

由于立铣刀可以在垂直刀具轴线的任意方向作进给运动，因此铣削方式可分为两种，即沿着刀具进给方向看，刀具在加工工件轮廓的左边叫左刀补，用 G41 指令；刀具在加工工件轮廓的右边叫右刀补，用 G42 指令。如图 4—19 所示，图（a)、(b）为外轮廓加工，图(c)、(d）由为内轮廓加工。无论是内轮廓加工还是外轮廓加工，顺铣用左刀补 G41，逆铣用右刀补 G42。

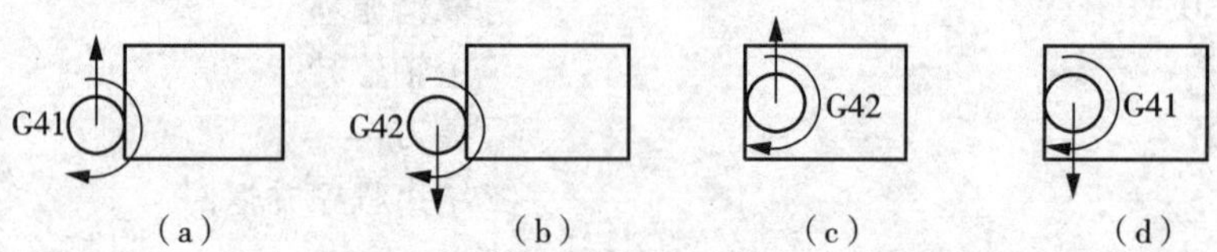

图 4—19　刀具半径补偿原理

利用球头铣刀进行加工时需要判别左右刀补。在其他平面内的判别方法与在 XY 平面内的判别方法是一样的。

G40 为取消刀具半径补偿指令，它和 G41、G42 为同一组指令。调用和取消刀具补偿指令是在刀具的移动过程中完成的。

【例 4—4】在 G17 选择的平面（XY 平面）内，使用刀具半径补偿完成轮廓加工编程，如图 4—20 所示（注：刀具长度刀补未加）。

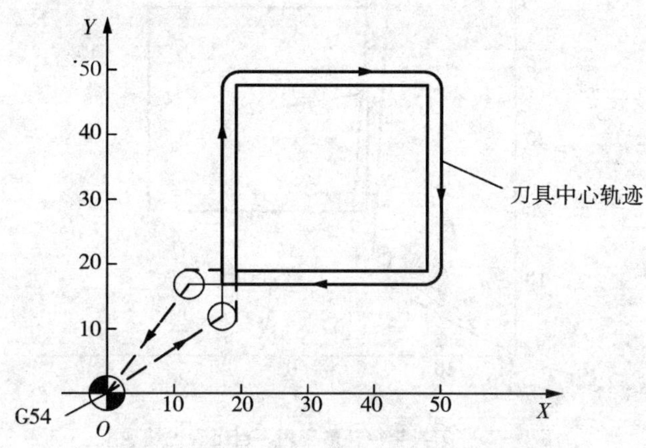

图 4—20　应用刀具半径补偿时的刀具轨迹

程序如下（刀具的半径值事先存储在系统的寄存器中）：

O0005;	
N5 T1 M06;	调用 1 号刀（平底刀）
N10 G90 G54 G00 X0 Y0 M03 S800 F50;	
N15 G00 Z50.0;	起始高度（仅用一把刀具，可不加刀长补偿）
N20 Z10.0;	安全高度
N25 G41 X20.0 Y10.0 D01	刀具半径补偿
N30 G01 Z-10.0;	落刀，切深 10 mm
N35 Y50.0;	
N40 X50.0;	
N45 Y20.0;	
N50 X10.0;	
N55 G00 Z50.0;	抬刀到起始高度
N60 G40 X0 Y0 M05:	取消补偿
N65 M30;	

3. 刀具半径补偿过程描述

在例 4—5 中，当 G41 被指定时，包含 G41 句子的下面两行被预读（N30，N35）。N25 指令完成后，机床的位置由以下方法确定：将含有 G41 句子的坐标点与下面两句中最近的、在选定平面内有坐标移动语句的坐标点相连，其连线垂直方向为偏置方向，G41 左偏，G42 右偏，偏置大小为指定的偏置号（D01）地址中的数值。在这里 N25 坐标点与 N35 坐标点运动方向垂直于 X 轴，所以刀具中心的位置应在（X20.0，Y10.0）左面刀具半径处。

【例 4—5】（刀具半径补偿使用不当出现过切削程序实例）如图 4—21 所示，起始点在（X0，Y0），高度为 50 mm 处，使用刀具半径补偿时，由于接近工件及切削工件时要有 Z 轴的移动，这时容易出现过切削现象，切削时应予避免。

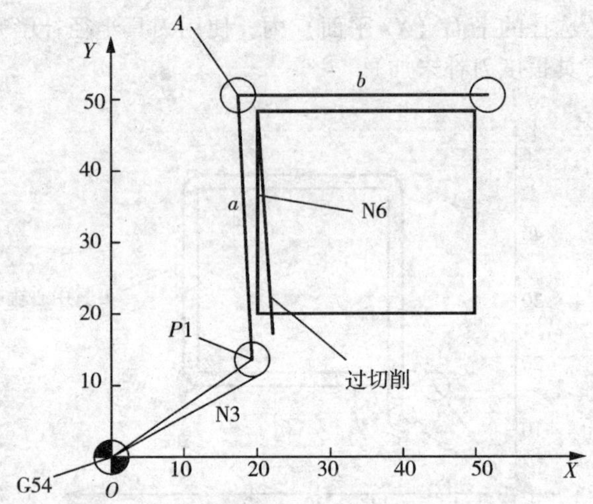

图 4—21 刀具半径补偿应用不当出现过切现象

程序如下：

```
O0004;
N5 T1 M06;                   调用 T1 号刀（平底刀）
N10 G90 G54 G00 X0 Y0 M03 S500;
N15 G00 Z50.0;               起始高度（仅用一把刀具，可不加刀长补偿）
N20 G41 X20.0 Y10 D01;       刀具半径补偿，D01 为刀具半径补偿号
N25 Z10;
N30 G01 Z-10.0 F50.0;        连续两句 2 轴移动
                 （只能有一句与刀具半径补偿无关的语句，此时会出现过切削）
N35 Y50.0;
N40 X50.0;
N45 Y20.0;
N50 X10.0;
N55 G00 Z50.0;               抬刀到起始高度
N60 G40 X0 Y0 M05;           取消补偿
N65 M30;
```

当补偿从 N20 开始建立的时候，系统只能预读两句，而 N25、N30 都为 Z 轴的移动，没有 X、Y 轴移动，系统无法判断下一步补偿的矢量方向，这时系统不会报警，补偿照常进行，只是 N20 的目的点发生变化。刀具中心将会运动到 P1 点，其位置是 N20 的目的点，由目标点看原点，目标点与原点连线垂直方向左偏 D01 值，于是发生过切削。

4. 使用刀具半径补偿的注意事项

（1）使用刀具半径补偿时应避免过切削现象。这又包括以下三种情况：

① 使用刀具半径补偿和取消刀具半径补偿时，刀具必须在所补偿的平面内移动，移动距离应大于刀具补偿值。

② 加工半径小于刀具半径的内圆弧时，进行半径补偿将产生过切削，如图 4—22 所示。只有在过渡圆角 $R \geqslant$ 刀具半径 r + 精加工余量的情况下才能正常切削。

③ 被铣削槽底宽小于刀具直径时将产生过切削，如图 4—23 所示。

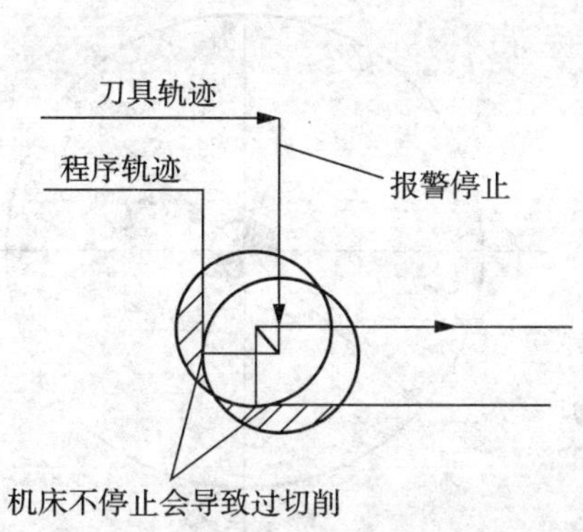

图 4—22　刀具半径大于工件内凹圆弧半径

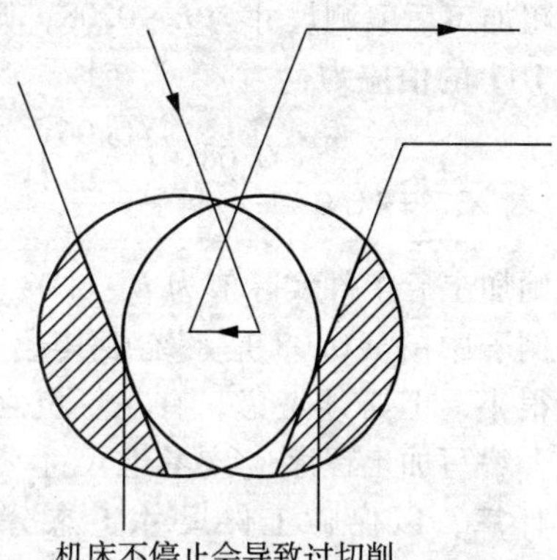

图 4—23　刀具半径大于工件槽底宽度

（2）G41、G42、G40 须在 G00 或 G01 模式下使用，现在有一些系统可以在 G02、G03 模式下使用。

（3）D00 ～ D99 为刀具补偿号，D00 意味着取消刀具补偿。刀具补偿值在加工或试运行之前须设定在刀具半径补偿存储器中。

5. 刀具半径补偿的作用

刀具半径补偿除了方便编程外，还可以通过改变刀具半径补偿大小的方法，利用同一程序实现粗、精加工。其中：

粗加工刀具半径补偿 = 刀具半径 + 精加工余量；

精加工刀具半径补偿 = 刀具半径 + 修正量。

利用刀具半径补偿并用同一把刀具进行粗、精加工时，刀具半径补偿原理如图 4—24 所示。

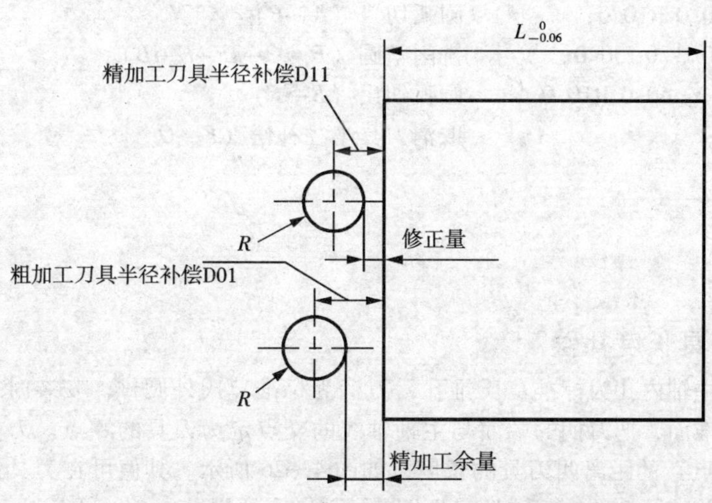

图 4—24　利用刀具半径补偿进行粗、精加工

如图 4—24 所示，刀具为 $\phi 20$ 立铣刀，现零件粗加工后给精加工留单边余量为1.0 mm，则粗加工刀具半径补偿 D01 的值为

$$R_{补} = R_{刀} + 1.0 = 10.0 + 1.0 = 11.0\ \text{mm}$$

粗加工后实测尺寸为 $L + 0.08$，则精加工刀具半径补偿 D11 的值应为：

$$R_{补} = 11.0 - \frac{0.08 + \left(\frac{0.06}{2}\right)}{2} = 10.945$$

则加工后工件实际值为 $L - 0.03$。

例子中的 +0.08 是系统中其他原因造成的误差，一般很小，但必须考虑，有正、负之分。批量加工工件时，编写加工程序应该考虑尺寸公差，对称公差可以不计算，以保障工件尺寸正态分布，提高产品合格率。

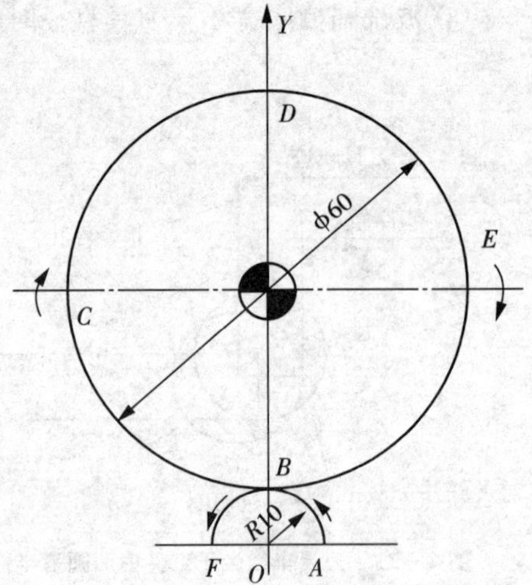

图 4—25　切向切入、切向切出外轮廓加工

【例 4—6】 如图 4—25 所示，用 $\phi 14$ 的平键槽铣刀，切深为 5 mm，完成工件外轮廓的铣削加工。不考虑加工工艺问题，编写加工程序。

程序如下：

```
O05671;
G90 G54 G00 X0 Y0;
Y-40.0;
S500 M03 F200;
Z100.0;
Z2.0;
G01 Z-5.0 F50;
G41 X10.0 D01;                调入一号刀具半径补偿（O→A）
G03 X0 Y-30.0 R10.0;          圆弧切入（A→B）
G02 X0 Y-30.0 I0 J30.0;       铣削整圆（B→C→D→E→B）
G03 X-10.0 Y-40.0 R10.0       圆弧切出（B→F）
G01 G40 X0;                   取消刀具半径补偿（F→O）
G00 Z2.0;
G00 Z100.0;
M05;
M30;
```

4.3.2　刀具长度补偿

数控铣床的主轴内孔为标准莫氏锥孔，刀柄为标准莫氏外圆锥。安装时，以数控铣床的锥孔作为定位基准面，把刀柄的端面与主轴轴线的交点定为刀具的零点。刀头的端面到刀柄的端面（刀具零点）的距离叫刀具的长度，如图 4—26 所示。其值可在刀具预调仪或自动测长装置上测出，并填写到数控系统的刀具长度补偿寄存器中。

加工同一个零件可能需要多把刀具，相同或不同的刀具安装在刀柄上，其长度不可能相等，因此要使用的每一把刀具都需要对刀操作。当然，也可以通过自动测长仪和基准刀，实现机外对刀。刀具的长度补偿非常重要，如果不使用，将发生严重的撞车事故。

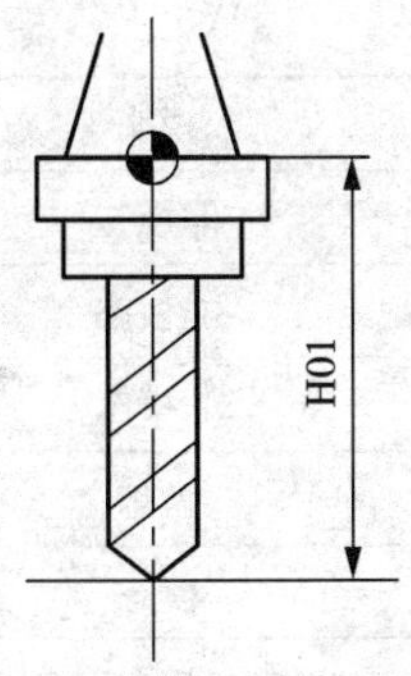

图 4—26　刀具长度

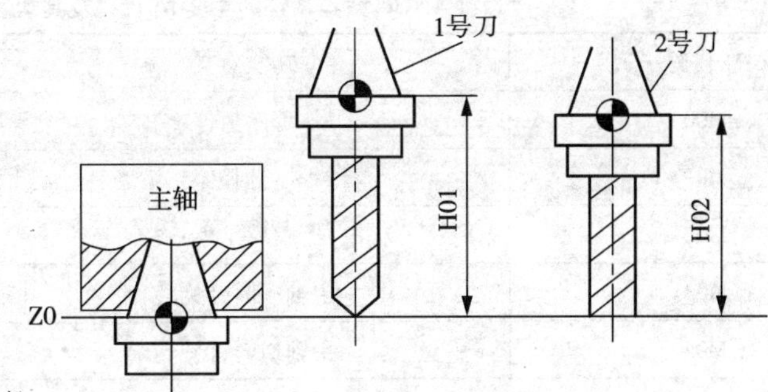

图 4—27　刀具长度补偿原理

调用和取消刀具长度补偿的指令是 G43、G44 和 G49。G43 是刀具长度正补偿，G44 是刀具长度负补偿。因为刀具的长度补偿值可以是正值或负值，所以常用 G43，而很少用 G44。G49 是取消刀具长度补偿值的指令。G43、G44 和 G49 是同一组指令。

刀具长度补偿原理如图 4—27 所示。图中对长度不同的两把刀具用 G43 调用时的情况作了比较。

刀具长度补偿的使用格式如下：

G43/G44/G49 G00/G01 Z_ H_ ;

其中，Z 地址符后面的数字表示刀具在 *Z* 方向上运动的距离或绝对坐标值；H 地址符后面的数字表示刀具号。按照上面的格式就可以将相应刀具的长度补偿值从系统长度补偿寄存器中调出。

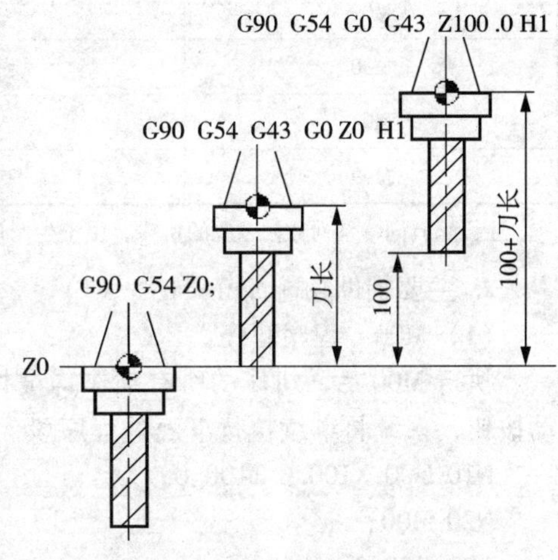

图 4—28　刀具长度补偿的应用

使用 G43/G44/G49 指令时应该注意：刀具在 *Z* 方向要有直线运动 G00/G01，同时要在一定高度上，否则会造成事故。

使用调用刀具长度补偿的应用如图 4—28 所示。

4.4　数控铣床 M 指令

4.4.1　常用的 M 指令

1. 辅助功能

辅助功能也称 M 功能，它是命令机床做一些辅助动作的代码，例如，主轴的旋转，冷却液的开、关等。ISO 标准中 M 功能从 M00 至 M99，共 100 种。由于所需辅助功能有限，部分代码没作定义，也就是说并没有 100 种 M 指令。

不同的数控系统 M 代码的含义是有差别的，表 4—3 列出了 FANUC 铣床数控系统的主要 M 代码及其功能。

表4—3　　FANUC 数控系统的主要 M 代码及其功能

M 代码	功能意义	说明
M00	程序暂停	非模态
M01	程序选择停止	非模态
M02	程序结束	非模态
M03	主轴顺时针旋转	模态
M04	主轴逆时针旋转	模态
M05	主轴停止	模态
M08	切削液打开	模态
M09	切削液关闭	模态
M30	程序结束并返回	非模态
M98	子程序调用	模态
M99	子程序调用并返回	模态

注：配有同一系列数控系统的机床，由于生产厂家不同，某些 M 代码的含义可能不相同。

2. 主要辅助功能简介

（1）M00：程序暂停。

执行 M00 后，机床的所有动作均被切断，机床处于暂停状态，系统现场保护。按循环启动按钮，系统将继续执行下面的程序段。例如：

```
N10 G00 X100.0 Z100.0;
N20 M00;
N30 X50.0 Z50.0;
⋮
```

执行到 N20 程序段时，进入暂停状态，重新启动后将从 N30 程序段开始继续进行。如进行尺寸检验、切屑清理或插入必要的手工动作时，用此功能很方便。对于铣床来说，不像加工中心可以自动换刀，如果同一工件需要多把刀具时，需要手工换刀，这时也需要使用此指令。另外有两点需要说明：一是 M00 须单独设一程序段；二是在 M00 状态下，按复位键，则程序将回到开始位置。

（2）M01：选择停止。

在机床的操作面板上有一“任选停止”开关，当该开关处于“ON”位置时，程序中如遇到 M01 代码时，其执行过程与 M00 相同；当该开关处于“OFF”位置时，数控系统对 M01 不予理睬。例如：

```
N10 G00 X100.0 Z200.0;
N20 M01;
N30 X50.0 Z110.0;
```

若“任选停止”开关处于断开位置，则当系统执行到 N20 程序段时，不影响原有的任何动作，而是接着往下执行 N30 程序段。此功能通常是用来进行尺寸检查，而且 M01 应作为一个程序段单独设定。它与 M00 比较优点在于，调试程序时“任选停止”开关处于开位置，正常加工时可以将“任选停止”开关处于关位置。

（3）M02：程序结束。

执行 M02 后，主程序结束，切断机床所有动作，并使程序复位。M02 也应单独作为一个程序段设定。

（4）M03：主轴正转。

此代码启动主轴正转（逆时针，对着主轴端面观察）。

（5）M04：主轴反转。

此代码启动主轴反转（顺时针，对着主轴端面观察）。对于铣床来说，只有攻丝时主轴反转，不过此时由攻丝复合（攻丝循环）指令控制，所以一般不用 M04 主轴反转指令。

（6）M05：主轴停止。

（7）M06：换刀。

它可以配合 T 指令完成自动换刀动作，在加工中心常用。在铣床上有时也利用此功能实现粗、精加工转换。例如，粗加工时，把刀具的半径值按真实半径与精加工余量之和填写在半径补偿寄存器中，真实半径作为另一个刀号处理。有的数控系统表示对刀仪摆出。

（8）M08：切削液开。

（9）M09：切削液关。

M00、M01 和 M02 也可以将切削液关掉。

4.4.2　子程序

在一次装夹中，要加工多个相同零件或一个零件有重复加工部分的情况下，可使用子程序。使用子程序可以缩短并简化程序。

子程序是相对主程序而言的，子程序和主程序一样都是独立的程序，都必须符合程序的一般结构。不同的是主程序可以调用子程序，子程序结束必须返回到主程序的原来位置并执行主程序的下一程序段。主程序的特点是包含 M98 指令，子程序的特点是，以 M99 结尾。

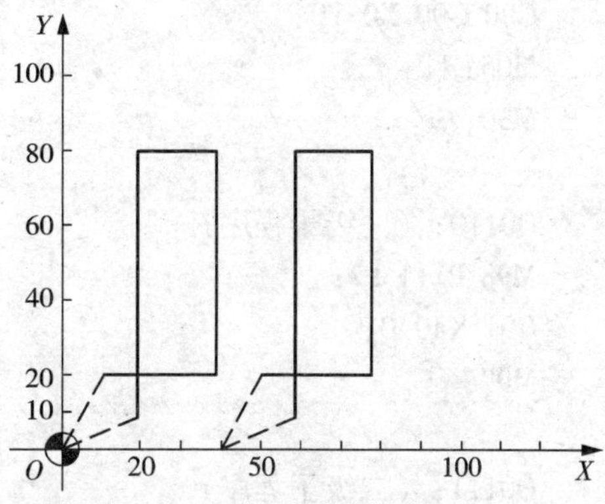

图 4—29　子程序应用举例

如图 4—29 所示，Z 起始高度为 100 mm，切削深度为 20 mm，外轮廓切削，试编写加工程序。

程序如下：

```
O0008；(主程序)
G90 G54 G00 X0 Y0；
M03 S500 F100；
G00 Z100.0；
M98 P100 L2；子程序调用，循环两次
G00 G90 X0 Y0；
M05；
M30；

O0100；(子程序)
G91 G00 Z-95.0；
```

```
G41 X20.0 Y10.0 D01;
G01 Z-25.0 F50;
Y70.0;
X20.0;
Y-60.0;
X-30.0;
Z120.0;
G00 G40 X-10.0 Y-20.0;
X40.0;
M99;
```

【**例 4—7**】子程序嵌套应用。

程序如下：

```
O0009;（主程序）
G90 G54 G00 X0 Y0;
M03 S500 F100;
G00 Z100;
M98 P110 L2;
G90 G00 X0 Y0;
M05;
M30;

O0110;（一级子程序）
M98 P111 L2;
G91 X40.0;
M99;

O0111;（二级子程序）
G91 G00 Z-95.0;
G41 X20.0 Y10.0 D01;
G01 Z-25.0 P50;
Y70.0;
X10.0;
Y-60.0;
X-30.0;
Z120.0;
G00 G40 X-10.0 Y -20.0;
X40.0;
M99;
```

【**例 4—8**】如图 4—30 所示，加工凸台（深 10 mm）时采用不同的刀具补偿，

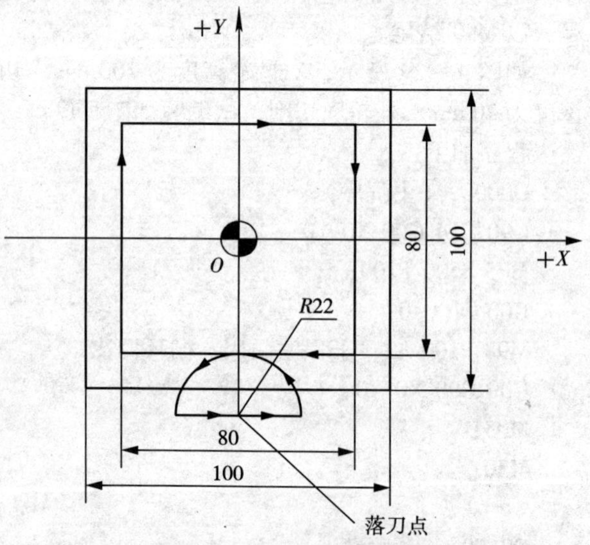

图 4—30　刀具半径补偿举例

调用子程序，完成同一位置的加工，为其编程。

根据加工图采用 ϕ10 立铣刀加工，刀长为 177.10。刀具补偿：D01 值为 10.50，H01 值为 177.6，用于粗加工；D11 值为 10.0，H11 值为 177.1，用于精加工。

程序如下：

```
O0010；（主程序）
T1 M06；
G90 G54 G00 X0 Y-62.0 S500 M03；
G43 Z50.0 H01；
D01 M98 P400；
G43 Z50.0 H11；
D11 M98 P0400；
G00 Z50.0；
G91 G28 Z0 M05；
M30；

O0400；（子程序）
G00 Z10.0；
G01 Z-10.0；
G41 X22.0；
G03 X0 Y-40.0 R22.0；
G01 X-40.0；
Y40.0；
X40.0；
Y-40.0；
X0；
G03 X-22.0 Y-62.0 R22.0；
G01 G40 X0；
Z20.0；
M99；
```

4.4.3　镜像加工

镜像加工编程也叫做轴对称加工编程，它是将数控加工的刀具轨迹沿某坐标轴作镜像变换而形成加工轴对称零件的刀具轨迹。对称轴（镜像轴）可以是 *X* 轴、*Y* 轴或原点。

1. 镜像指令

M21：*X* 轴镜像加工；

M22：*Y* 轴镜像加工；

M23：取消轴镜像加工。

2. 使用镜像指令时的注意事项

（1）当只对 *X* 轴或 *Y* 轴进行镜像加工时，刀具的实际切削顺序将与原程序描述的切削顺序、刀具矢量方向及圆弧插补方向相反。当同时对 *X* 轴和 *Y* 轴进行镜像加工时，切削顺序、刀具补偿方向、圆弧插补方向均不变，如图 4—31 所示。

（2）使用镜像指令后，必须用 M23 取消镜像指令。

（3）在 G90 模式下，镜像功能必须在工件坐标系原点开始使用，取消镜像也要回到该点。

【例 4—9】 如图 4—32 所示，用镜像指令进行镜像加工编程。

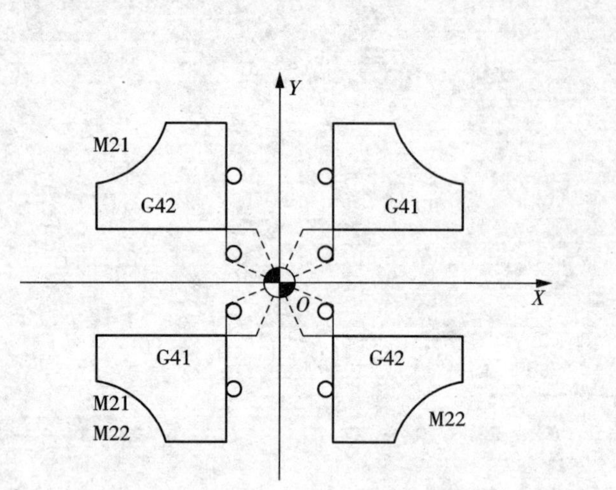

图 4—31　镜像时刀具补偿变化的刀具运动轨迹

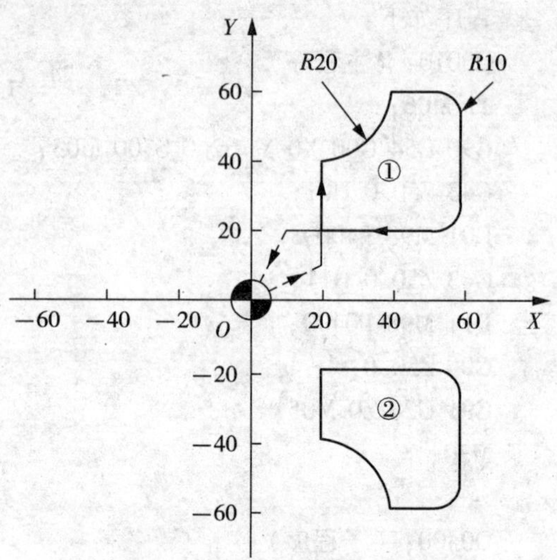

图 4—32　镜像加工举例

程序如下：

```
O0011;（主程序）
G90 G54 G00 X0 Y0 M03;
Z100.0;
M98 P0500;
M21;
M98 P0500;
M23;
M05;
M30;

O0500;（子程序）
Z5.0;
G41 X20.0 Y10.0 D01;
G01 Z-10.0 F50;
Y40.0;
G03 X40.0 Y60.0 R20.0;
G01 X50.0;
G02 X60.0 Y50.0 R10.0;
G01 Y30.0;
G02 X50.0 Y20.0 R10.0;
G01 X10.0;
```

```
G00 G40 X0 Y0;
Z100.0 M05;
M99;
```

4.4.4　旋转变换

旋转变换指令包括 G68 和 G69。G68 为坐标旋转功能指令，G69 为取消坐标旋转功能指令。应用旋转变换指令时要指定坐标平面，系统默认值为 G17，即在 *XY* 平面上。

格式：G68X_ Y_ P_；

　　　G69；

其中：*X*、*Y* 为 *XY* 平面内的旋转中心坐标：*P* 为旋转角度，单位为度（°），其取值范围为 $0 \leqslant P \leqslant 360°$。其他平面内旋转变换指令格式相同，只要把坐标轴作相应的变更就可以了。

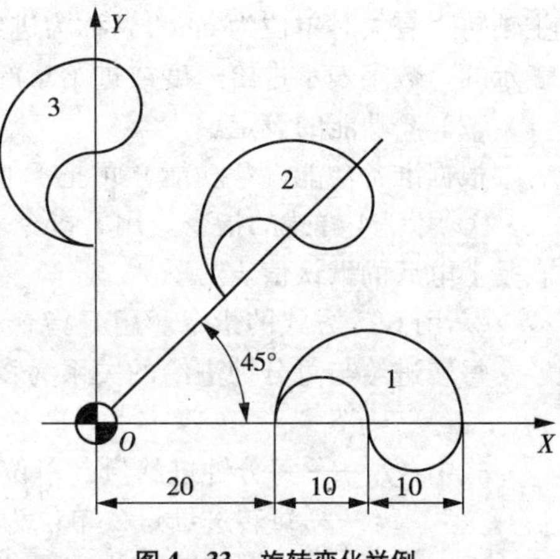

图 4—33　旋转变化举例

在有刀具补偿的情况下，先进行坐标旋转，然后才进行刀具半径补偿及刀具长度补偿。在有缩放功能的情况下，先缩放后旋转。

【**例 4—10**】零件如图 4—33 所示，加工外轮廓（不考虑工艺问题）。

程序如下：

```
O0012;（主程序）
G54 G90 G17;
M03 S800 F100;
M98 P0200;
G68 X0 Y0 P45;
M98 P200;
G69;
G68 X0 Y0 P90;
M98 P200;
M05;
M30;

O0200;（子程序）
G90 G01 X20 Y0 F100;
G02 X30 Y0 I5;
G03 X40 Y0 I5;
X20 Y0 I-10;
G03 X40 Y0 I5;
X20 Y0 I-10;
G00 X0 Y0;
M99;
```

4.4.5 其他功能

1. 进给功能 F

(1) 进给速度。

进给速度是指为保持连续切削刀具相对工件移动的速度，单位为 mm/min。当进给速度与主轴转速有关时单位为 mm/r，称为进给量。进给速度是用地址字母 F 和字母 F 后面的数字来表示的，数字表示进给速度或进给量的大小。

(2) F 功能的设定。

根据准备功能（G 功能）可把 F 功能分为以下两种：

① 用 G94 方式的指令。用 F 指令表示刀架每分钟的进给量，通常用于铣削类的进给指令，它是上电后的默认值。

② 用 G95 方式的指令。用 F 指令表示主轴每转的进给量。

每转进给与每分钟进给的关系为：

$$f_m = f_r S$$

式中：f_m——每分钟进给量，单位为 mm/min；

f_r——每转进给量，单位为 mm/r；

S——主轴转速，单位为 r/min；

实际进给速度与操作面板倍率开关所处的位置有关，处于 100% 位置时，进给速度与程序中的速度相等。

2. 主轴转速功能 S

主轴转速功能用来指定主轴的转速，单位为 r/min，地址符使用 S，所以又称为 S 功能或 S 指令。中档以上的数控机床，其主轴驱动已采用主轴控制单元，它们的转速可以直接由程序指令给出，即用 S 后加数字表示每分钟主轴转速。例如，若要求 1 300 r/min 的转速，就在程序中编写指令 S1300。通常，机床面板上设有转速倍率开关，用于不停机手动调节主轴转速。实际速度与操作面板倍率开关所处的位置有关，处于 100% 位置时，主轴转速与程序给定的转速相同。也可以通过 MDI 输入主轴转速。

国内某些机床厂生产的经济型数控铣床，采用的是一般电机，而且无变频器，不能实现无级变速，在程序中可以不指定转速。

3. 刀具功能 T

这是用于指令加工中所用刀具号及自动补偿编组号的地址字，地址符规定为 T。其自动补偿内容主要指刀具的刀具位置补偿、刀具长度补偿或刀具半径补偿；如 T01 指的是一号刀具，在数控加工中心机床上，它配合 M06 实现自动换刀功能。

思考题

1. 数控铣床的编程特点有哪些？
2. 简述数控铣床的原点和参考点的区别与联系。
3. 数控铣床的基本功能指令如何分类？
4. 数控铣床的补偿功能有哪些？
5. 设定工件坐标系的意义如何？说明 G92 与 G54～G59 指令的使用区别。

6. 说明基本指令 G00、G01、G02、G03、G04、G28 的意义。
7. 说明 G17、G18、G19 指令的区别及圆弧插补指令 G02、G03 的区别。
8. 孔加工循环有哪些指令？如何使用？
9. 什么时候应用子程序调用功能？
10. 加工如图 4—34 所示的内、外轮廓面，刀具直径为 $\phi 8$ mm，试编写程序。

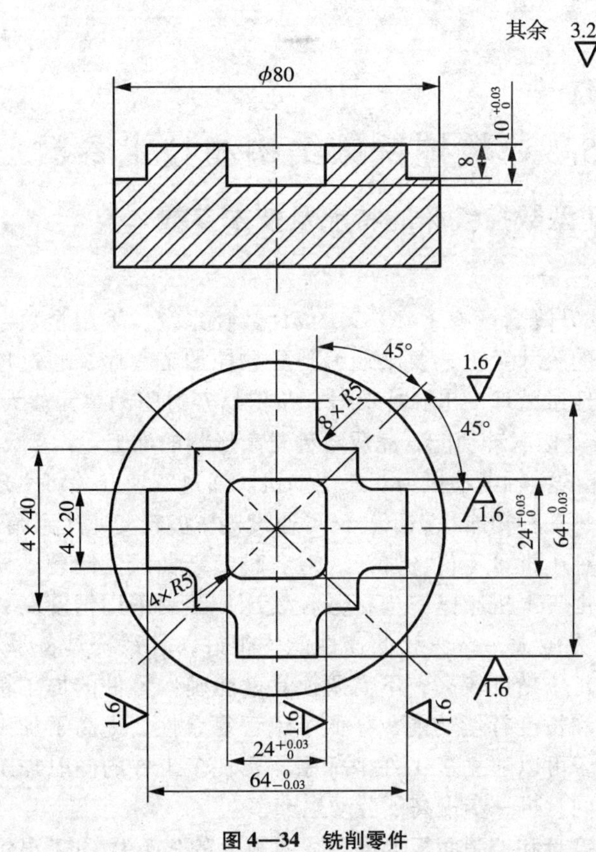

图 4—34　铣削零件

第 5 章　数控铣床加工操作

5.1　数控铣床结构与技术参数

5.1.1　XK5025 型数控铣床的特点及技术参数

1. 特点

XK5025 型数控立式升降台配有 FANUC－0MD 数控系统，采用全数字交流伺服驱动。加工时，按照待加工零件的尺寸及工艺要求，编制成数控加工程序，通过控制面板上的操作键盘输入计算机，计算机经过处理发出脉冲信号，该信号经过驱动单元放大后驱动伺服电动机，实现铣床的 *X*、*Y*、*Z* 三坐标联动功能，完成各种复杂形状的加工。

XK5025 型数控铣床的主轴电动机为双速电动机。通过双速开关可实现主轴正转和反转的高、低速四挡功能，而每一种功能状态下，又可通过机械齿轮变速达到调速的目的。

本机床适用于多品种小批量零件的加工，对各种复杂曲线的凸轮、样板、弧形槽等零件的加工效能尤为显著。由于本机床是三坐标数控铣床，驱动采用精度高、可靠性好的全数字交流伺服电动机，输出力矩大，高速和低速性能均很好，且系统具备手动回机床零点功能，机床的定位精度和重复定位精度较高，不需要模具就能确保零件的加工精度，同时机床所配系统具备刀具半径补偿和长度补偿功能，降低了编程复杂性，提高了加工效率。本系统还具备零点偏置功能，相当于可以建立多工件坐标系，实现多工件的同时加工，空行程可采用快速方式，以减少辅助时间，进一步提高了劳动生产率。

系统主要操作均在键盘和控制面板上进行，面板上的 9 英寸 CRT 显示屏可实时提供各种系统信息：编程、操作、参数和图像。每一种功能都具备多种子功能，可以进行后台编辑。

2. 机床主要技术参数

（1）工作台。

工作台面积（宽 × 长）：　250 mm × 1 120 mm

工作台纵向行程：　680 mm

工作台横向行程：　350 mm

升降台垂向行程：　400 mm

工作台允许最大承载：　250 kg

（2）主轴。

主轴孔锥度：　ISO30#（7∶24）

主轴套筒行程：　130 mm

主轴套筒直径：　85.725 mm

主轴转速范围：　有级 65～4 750 r/min

无级 60～3 500 r/min

主轴中心至床身导轨面的距离：　360 mm

主轴 W 端面至工作台面的高度：30～430 mm

（3）进给速度。

铣削进给速度范围：　0～0. 35 m/min

快速移动速度：　2. 5 m/min

（4）精度。

分辨力（脉冲当量）：　0. 001 mm

定位精度：　±0. 013 mm/300 min

重复定位精度：　±0. 005 mm

主轴电动机容量：　（三相）2. 2 kW

5. 1. 2　数控铣床系统 CRT/MDI 操作面板

CRT/MDI 操作面板与系统有关，不同的数控系统其面板也不同，由系统制造厂家确定。图 5—1 所示为 FANUC 标准系统的 CRT/MDI 操作面板。

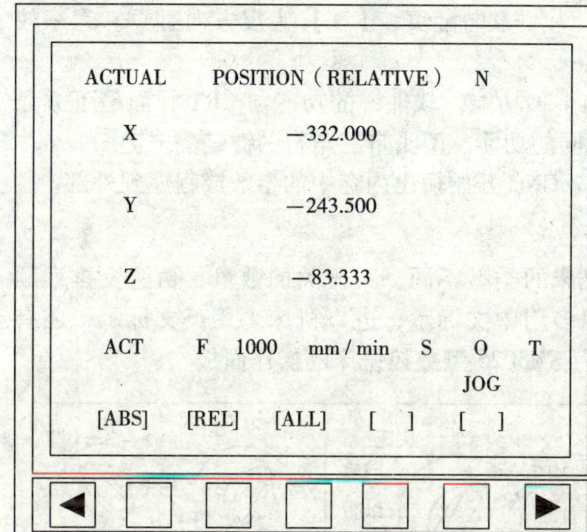

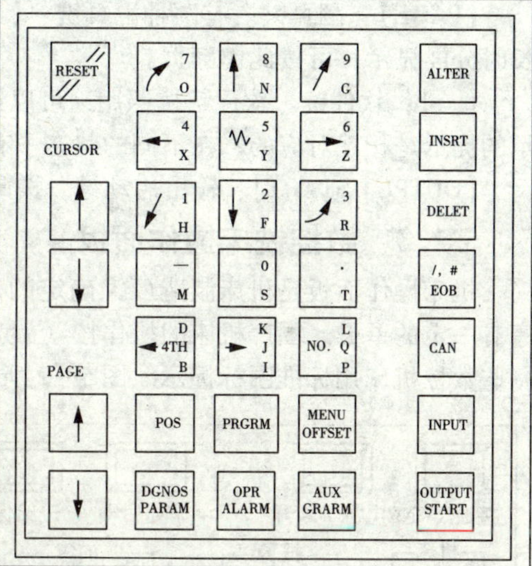

图 5—1　FANUC 数控铣床系统面板

1. CRT/MDI 面板主功能

【POS】：机床位置显示。在 CRT 上显示机床现在的位置。

【PRGRM】：程序。在编辑方式下，编辑和显示内存中的程序；在 MDI 方式下，输入和显示 MDI 数据。

【MENU OFFSET】：偏置量设定与显示。刀具偏置量数值和宏程序变量的设置与显示 MDI 数据。

【DGNOS/PARAM】：自诊断参数。运用参数的设置，显示及诊断数据的显示。

【OPR ALARM】：报警号显示。按此键显示报警。

【AUX GRAPH】：图形显示。图形轨迹的显示。

2. CRT/MDI面板其他键的功能

【RESET】：复位键。用于解除报警。

【START】：启动键。用于MDI或自动方式运行时的循环启动运行，其使用方法因机床不同而不同。

【/、#、EOB】：符号键。在编程时用于输入符号，特别用于每个程序段的结束符号，其中【EOB】键能将程序段自动换行。

【DELET】：删除键。在编程时用于删除已输入的字符。

【INPUT】：输入键。按地址键或数据键后，地址或数值输入缓冲器并显示在CRT上，再按【INPUT】键，则将缓冲器中的信息设置到偏置寄存器上。此键与软件键中的【INPUT】键等价。

【CAN】：取消键。消除“键输入缓冲器”中的文字或符号。例如，“键输入缓冲器”中刚刚输入的字符是“N0001”，若按【CAN】键，“N0001”就被消除。与删除键相比较，删除键删除光标对应的字符，取消键则删除光标前的字符。

【CURSOR】：光标移动键。有两种光标移动键：【↓】使光标顺方向移动，【↑】使光标反方向移动。

【PAGE】：翻页键。有两种翻页键：【↓】为顺方向翻页，【↑】为反方向翻页。程序较长时分屏显示，可按此键翻页。

【　】：软件键。软件键按照用途可以给出多种功能。软件键的功能与CRT画面最下方显示的提示是相互对应的，在不同的状态下有不同的功能。两头带三角符的键是翻屏键。

【OUTPUT START】：输出启动键。按此键，CNC开始输出内存中的参数或程序到外部。

5.1.3 数控铣床操作面板

机床操作面板是机床制造厂家确定的，机床的类型不同，其开关的数量、功能及排列顺序有一定的差异。国产机床的操作按（旋）钮多用中文标示，进口机床多用英文标示，还有一些数控机床用标准图标标示。图5—2所示为XK5025型数控铣床的操作面板。

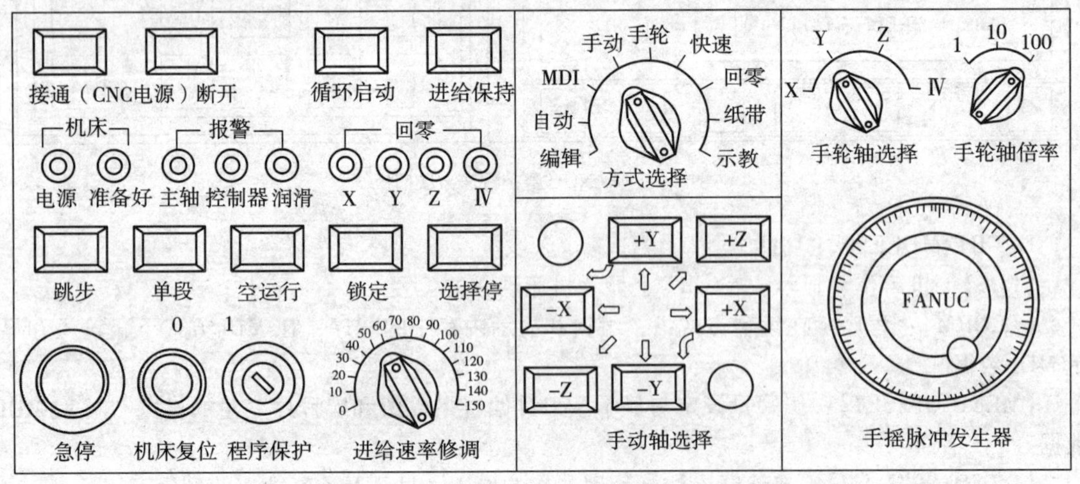

图5—2　XK5025型数控铣床操作面板图形显示

1. 面板上操作按钮的功能

【接通】：按下此键，接通CNC的电源。

【断开】：按下此键，断开 CNC 的电源。

【循环启动】：按下此键，自动运转启动并执行程序，在自动运转中自动运转指示灯亮。

【进给保持】：自动运转时刀具减速并停止进给，再按【循环启动】键，机床继续进给。

【方式选择】：它是旋转式状态键，旋钮指示的位置不同，所出现的状态不同，需配合其他按/旋钮工作。图 5—2 中所示共有 9 个位置选择。

【编辑】：处于此位置，可以进行数控程序的输入与编辑。

【自动】：处于此位置，可以按【循环启动】键，完成程序的自动运行。

【MDI】：处于此位置，MDI 手动数据输入，可操作系统面板并设置必要的参数。

【手动】：处于此位置，可以进行手动连续进给或步进进给。

【手轮】：处于此位置，可以通过操作手轮，在 X、Y、Z 三个方向进行精确的移动。对刀时常用。

【快速】：处于此位置，刀具快速进给。

【回零】：处于此位置，操作【+Z】等相应键，可以使机床返回参考点。

【纸带】：用纸带输入程序，现在一般不再使用此功能，新型机床已经取消。

【示教】：示教编程方式，用于教学演示。

【跳步】：跳过任选程序段。

【单段】：按一次该键仅自动运行一个程序段（一行程序），多用于程序的调试。

【空运行】：程序运行，但机床不动。

【锁定】：机床锁定，断开进给控制信号，多用于程序的调试或教学演示。

【选择停】：按下此键，则 M01 指令生效，多用于程序的调试及程序纠错。

【急停】：按下此键，使机床紧急停止，断开机床主电源，主要应付突发事件，防止撞车事故发生。解除需要旋转此按钮，系统需要重新复位，对于低档机床来说需要重新对刀。

【机床复位】：用于解除报警，CNC 复位。

【程序保护】：保护程序不被删改。

【进给速率修调】：选择自动运行和手动运行时进给速度的倍率。

【手动轴选择】：它是位置旋钮，将其旋置在要移动的轴所指示的位置上，然后操纵手轮，手动控制机床沿相应的坐标轴运动。

【手轮轴选择】：手轮转动时，只能控制此旋钮选定的单一坐标轴的移动。

【手轮轴倍率】：手轮进给中，选择手轮移动倍率。

【手摇脉冲发生器】：手摇脉冲发生器，也叫手轮。摇动手摇脉冲发生器，可控制机床相应坐标轴的移动。

2. 手动操作

（1）手动返回参考点。（单轴）选择【回零】方式，按【手动轴选择】选定一个坐标轴。一般为正向。

（2）手动连续进给（手动方式）。由进给速度修调旋钮选择点动速度，需按下【手动轴选择】中的【+X】、【-X】、【+Y】、【-Y】、【+Z】或【-Z】其中一个键。松开后停止进给。注意正、负方向，以免碰撞。

（3）手轮方式。选择手摇脉冲发生器的手动进给轴 X、Y 或 Z，由手轮轴倍率旋钮调节脉冲当量，旋转手轮，可实现手轮连续进给移动。注意旋转方向，以免碰撞。

5.2 数控铣床操作

5.2.1 机床操作方法与步骤

1. 电源的接通与断开

(1) 电源接通。

① 首先检查机床的初始状态，以及控制柜的前、后门是否关好。

② 接通机床的电源开关，此时面板上的“电源”指示灯亮。

③ 确定电源接通后，按下操作面板上的【机床复位】按钮，系统自检后CRT上出现位置显示画面，【准备好】指示灯亮。注意：在出现位置显示画面和报警画面之前，请不要接触CRT/MDI操作面板上的键，以防引起意外。

④ 确认风扇电动机转动正常后开机结束。

(2) 电源关断。

① 确认操作面板上的【循环启动】指示灯已经关闭。

② 确认机床的运动全部停止，按下操作面板上的【断开】按钮数秒，【准备好】指示灯灭，CNC系统电源被切断。

③ 切断机床的电源开关。

2. 手动运转

(1) 手动返回参考点。

① 将方式选择开关置于【回零】的位置。

② 分别使各轴向参考点方向手动进给，返回参考点之后相应轴的指示灯亮。

(2) 手动连续进给。

① 将方式选择开关置于【手动】的位置。

② 选择移动轴，机床在所选择的轴方向上移动。

③ 选择手动进给速度。

④ 按【手动轴选择】按钮，刀具按选择的坐标轴方向快速进给。

注意：手动只能单轴运动。把方式选择开关置为【手动】位置后，先前选择的轴并不移动，需要重新选择移动轴。

(3) 手轮进给。

转动手摇脉冲发生器，可使机床微量进给。其操作步骤如下：

① 使【方式选择】开关置于【手轮】位置。

② 选择手摇脉冲发生器移动的轴。

③ 转动手摇脉冲发生器，实现手轮手动进给。

3. 程序编制

将【方式选择】旋钮置于【编程】位置。在系统操作面板上，按【PRGRM】键，CRT出现编程界面，系统处于程序编辑状态，按程序编制格式进行程序的输入和修改，然后将程序保存在系统中。也可以通过系统软键的操作，对程序进行程序选择、程序拷贝、程序改名、程序删除、通信、取消等操作。

4. 工件安装

装夹毛坯时将毛坯放在机床工作范围的中部，以防机床超程。用台式虎钳夹持工件时，夹持方向应选择零件刚度最好的方向，以防弹性变形。空心薄壁零件宜用压板固定。毛坯装夹时要清洁铣床工作台、台虎钳钳口等，以防铁屑引起定位不准。要特别注意留出走刀空间，防止刀具与台虎钳、压板、压板的紧固螺栓相撞。

5. 对刀操作

刀具的安装是一项十分细致的工作，数控铣床带有装拆刀具的专门工具。换刀时要注意清洁，刀具的配合精度较高，稍有污物，刀具就装不上。刀具的夹持要坚固可靠。必须选择与刀具相适应的标准刀柄夹头。

对刀有两种方法：一是用对刀镜、对刀器等专门的工具对刀；另一种是试切法。试切法是数控铣床上常用的对刀方法。将机床的显示状态调整为显示机床坐标系坐标，启动主轴，手动调整机床，用刀具在工件毛坯上切出细小的切痕来判断刀具的坐标位置，用 MDI 方式输入工件坐标系的原点坐标，在程序中可用 G54 ~ G59 指令的方式进行坐标系调整，或者用 G92 指令和对刀点的坐标确定工件坐标系。

下面举例介绍运用 G92 指令的对刀方法。

例如，在 FANUC 系统 7140 型数控铣床上加工工件，编程时把工件坐标系原点设在工件上表面的对称中心上（如图 5—3 所示），运用试切法对刀。

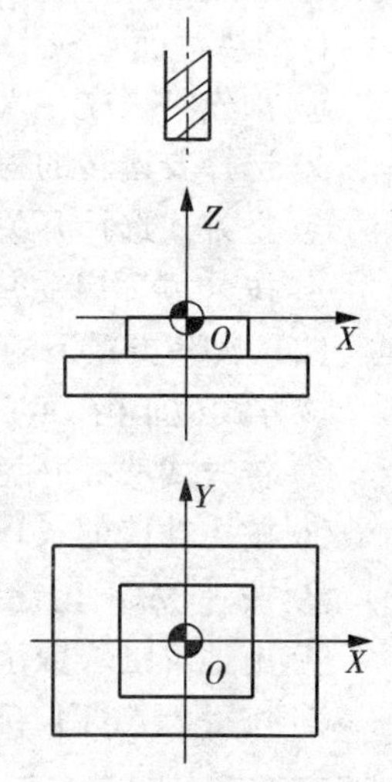

图 5—3　工件坐标系的建立

其操作步骤如下；

（1）启动机床后，启动主轴，选择点动方式，用手动方式移动铣刀，使铣刀与工件毛坯左侧边缘轻接触，如图 5—4（a）所示。按软键选择 MDI 功能，再选择“MDI 运行”，然后输入指令 G92 X0，最后按【循环启动】键，此时可看到屏幕上的工件指令坐标 X 值变为 0。

（2）用手动方式移动铣刀，使铣刀与工件毛坯右侧边缘轻接触，如图 5—4（b）所示。将此时屏幕上工件坐标系中的 X 坐标值记为 U，然后在 MDI 方式下输入指令 G92（U/2），再按【循环启动】键。

（3）用手动方式移动铣刀，使铣刀与工件毛坯前面（靠近操作者的一边）轻轻接触，如图 5—4（c）所示。然后在 MDI 方式下输

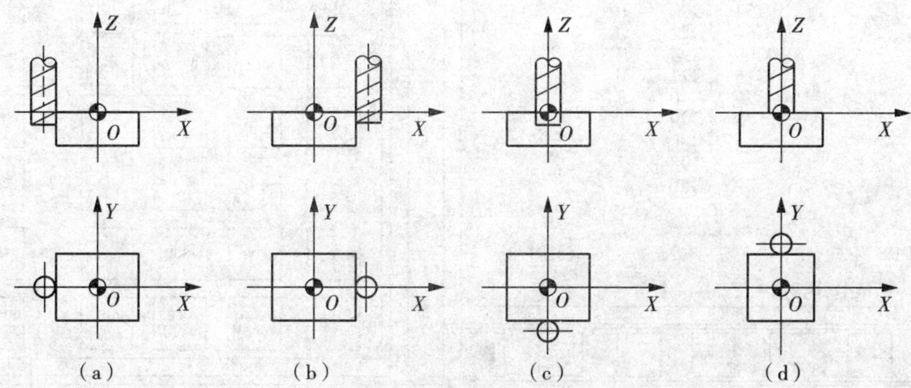

图 5—4　试切法对刀示意图

入指令 G92 Y0 并运行。

（4）用手动方式移动铣刀，将铣刀与工件后面（远离操作者的一边）轻轻接触，如图 5—4（d）所示。设此刻屏幕上的工件指令坐标 *Y* 值为 *V*，然后在 MDI 方式下输入指令 G92 Y（V/2），并运行。

（5）用手动方式移动铣刀，使铣刀与工件上表面轻轻接触（注意选择加工中将要切去部分的表面处），然后在 MDI 方式下输入指令 G92 Z0 并运行，最后将铣刀提起。

通过上述操作后，即将工件坐标系原点设定在工件上表面的中心处，此时将刀具停止在任一适当位置，将程序调试好，即可开始加工零件。但必须注意的是，用此种方法对刀后，程序中不能有 G92 建立工件坐标系的指令。

如果零件是半成品，不允许在表面上有刀具划痕，就必须应用塞尺，而且要记着把塞尺的厚度累加在相应的坐标值中，注意数值的正、负。

6. 自动运转

（1）存储器方式下的自动运转。

自动运行前必须正确安装工件及相应刀具，并进行对刀操作。其操作步骤如下：

① 预先将程序存入存储器中。

② 选择要运转的程序。

③ 将方式选择开关置于【自动】位置。

④ 按【循环启动】键，开始自动运转，“循环启动”指示灯点亮。

（2）MDI 方式下的自动运转。

该方式适于由 CRT/MDI 操作面板输入一个程序段，然后自动执行。其操作步骤如下：

① 将方式选择开关置于【MDI】位置。

② 按主功能的【PRGRM】键。

③ 按【PAGE】键，使画面的左上角显示 MDI，如图 5—5 所示。

④ 由地址键、数字键输入指令或数据，按【INPUT】键确认。

⑤ 按【START】键或操作面板上的【循环启动】键执行。

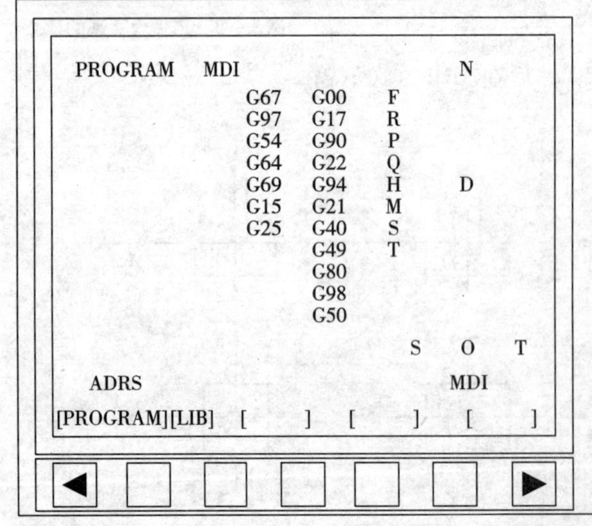

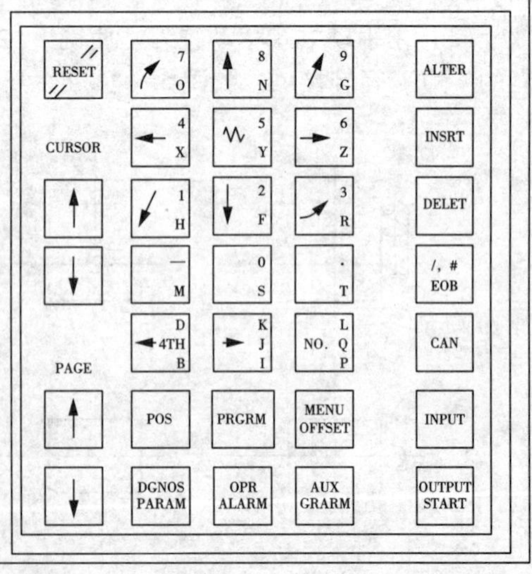

图 5—5 MDI 界面参数输入

(3) 自动运转的执行。

开始自动运转后，按以下方式执行程序：

① 从被指定的程序中，读取一个程序段的指令。

② 解释已读取的程序段指令。

③ 开始执行指令。

④ 读取下一个程序段的指令。

⑤ 读取下一个程序段的指令，变为立刻执行的状态。该过程也称为缓冲。

⑥ 前一程序段执行结束，因被缓冲了，所以要立刻执行下一个程序段。

⑦ 重复执行④、⑤，直到自动执行结束。

(4) 自动运转停止。

使自动运转停止的方法有两种：预先在程序中想要停止的地方输入停止指令；按操作面板上的按钮使其停止。

① 程序停止（M00）。执行 M00 指令之后，自动运转停止。与单程序段停止相同，到此为止的模态信息全部被保存，按【循环启动】键，可使其再开始自动运转。

② 任选停止（M01）。与 M00 相同，执行含有 M01 指令的程序段之后，自动运转停止，但仅限于机床操作面板上的【选择停】开关接通时的状态。

③ 程序结束（M02、M30）。自动运转停止，呈复位状态。

④ 进给保持。在程序运转中，按机床操作面板上的【进给保持】按钮，可使自动运转暂时停止。

⑤ 复位。由 CRT/MDI 的复位按钮、外部复位信号可使自动运转停止，呈复位状态。若在移动中复位，机床减速后将停止。

7. 试运转

(1) 全轴机床锁住。若按下机床操作面板上的【锁定】键，机床停止移动，但位置坐标的显示和机床移动时一样。此外，M、S、T 功能也可以执行。此开关用于程序的检测。

(2) *Z* 轴指令取消。若接通 *Z* 轴指令取消开关，则手动、自动运转中的 *Z* 轴停止移动，位置显示却同其轴实际移动一样被更新。

(3) 辅助功能锁住。机床操作面板上的辅助功能【锁定】开关接通，M、S、T 代码的指令便被锁住不能执行，而 M00、M01、M02、M30、M98、M99 可以正常执行。辅助功能锁住与机床锁住一样用于程序检测。

(4) 进给速度倍率。用进给速度倍率开关选择程序指定的进给速度百分数，以改变进给速度（倍率），按照刻度可实现 0～150% 的倍率修调。

(5) 快速进给倍率。可以将以下的快速进给速度变为 100%、50%、25% 或 F0（由机床决定）。

① 由 G00 指令的快速进给。

② 固定循环中的快速进给。

③ 执行指令 G27、G28 时的快速进给。

④ 手动快速进给。

(6) 单程序段。若将【单段】按钮置于 ON，则执行一个程序段后，机床停止。

① 使用指令 G28、G29、G30 时，即使在中间点，也能进行单程序段停止。

② 固定循环的单程序段停止时，【进给保持】灯亮。

③ M98 PXX；M99；的程序段不能单程序段停止。但是，M98、M99 的程序中有 O、N、P 以外的地址时，可以单程序段停止。

8. 程序的存储、编辑

在存储、编辑状态下，可以通过键盘存储程序，对程序号进行检索，以及对程序进行各种编辑操作。

（1）由键盘存储。

操作步骤如下：

① 选择【编辑】方式。

② 按【PRGRM】键。

③ 键入地址 O 及要存储的程序号（一般为四位数字，西门子系统程序文件标示可以包含字符）。

④ 按【INSRT】键，可以存储程序号，然后在每个字的后面键入程序，用【INSRT】存储。

（2）程序号检索。

操作步骤如下：

① 选择方式【编辑】或【自动】。

② 按【PRGRM】键，键入地址 O 和要检索的程序号。

③ 按【CURSOR↓】键，检索结束时，在 CRT 画面的右上方显示已检索的程序号。

（3）删除程序。

操作步骤如下：

① 选择【编辑】方式。

② 按【PRGRM】键，键入地址 O 和要删除的程序号。

③ 按【DELET】键，可以删除程序号所制定的程序。

（4）字的插入、变更、删除。

操作步骤如下：

① 选择【编辑】方式。

② 按【PRGRM】键，选择要编辑的程序。

③ 检索要变更的字。

④ 进行字的插入、变更、删除等编辑操作。

9. 数据的显示与设定

（1）偏置量设置。

操作步骤如下：

① 按【MENU OFFSET】主功能键。

② 按【PAGE】键，显示所需要的页面，如图 5—6 所示。

③ 使光标移向需要变更的偏置号位置。

④ 由数据输入键输入补偿量。

⑤ 按【INPUT】键，确认并显示补偿值

（2）参数设置。

由 CRT/MDI 设置参数的操作步骤如下：

① 按【PARAM】键和【PAGE】键显示设置参数画面（也可以通过软件键【参数】显示），参数设置界面如图 5—7 所示，参数表界面如图 5—8 所示。

OFFSET N 0000
NO. DATA NO. DATA
001 0.000 007 0.000
002 0.000 008 0.000
003 0.000 009 0.000
004 0.000 010 0.000
005 0.000 011 0.000
006 0.000 012 0.000
Actual Position（RELATIVE）
X 0.000 Y 0.000
Z 0.000
S O T
ADRS MDI
[OFFSET] [ ] [ ] [WORK] [ ]
RESET
CURSOR
PAGE
7 O
8 N
9 G
4 X
5 Y
6 Z
1 H
2 F
3 R
— M
0 S
. T
D 4TH B
K J I
NO. L Q P
POS
PRGRM
MENU OFFSET
DGNOS PARAM
OPR ALARM
AUX GRARM
ALTER
INSRT
DELET
/, # EOB
CAN
INPUT
OUTPUT START

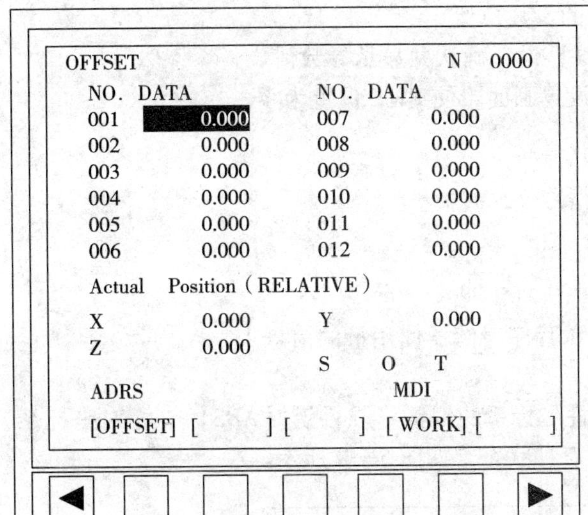

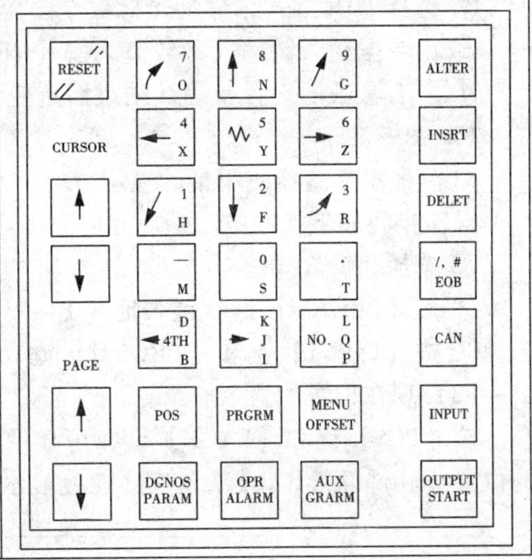

图 5—6　刀具偏置量设置

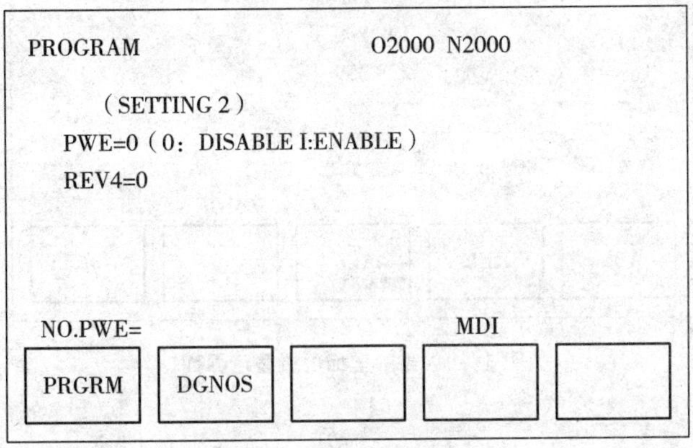

PROGRAM O2000 N2000
（SETTING 2）
PWE=0（0：DISABLE I:ENABLE）
REV4=0
NO.PWE= MDI
PRGRM
DGNOS

图 5—7　参数设置界面

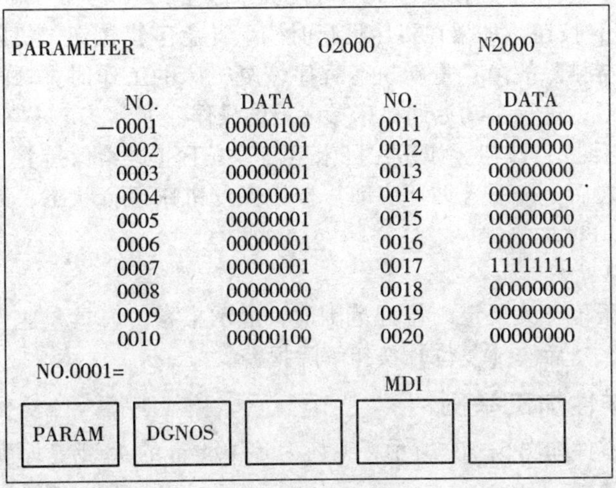

PARAMETER O2000 N2000
NO. DATA NO. DATA
—0001 00000100 0011 00000000
0002 00000001 0012 00000000
0003 00000001 0013 00000000
0004 00000001 0014 00000000
0005 00000001 0015 00000000
0006 00000001 0016 00000000
0007 00000001 0017 11111111
0008 00000000 0018 00000000
0009 00000000 0019 00000000
0010 00000100 0020 00000000
NO.0001= MDI
PARAM
DGNOS

图 5—8　参数表界面

② 选择 MDI 方式，移动光标键至要变更的参数位置。

③ 由数据输入键输入参数值，按【INPUT】键，确认并显示参数值。

④ 所有参数的设置及确认结束后，变为设置画面，使 PWE 设置为零。

10. 图形显示

（1）程序存储器使用量的显示。

操作步骤如下：

① 选择编辑方式。

② 按【PRGRM】键，键入地址 P。

③ 按【INPUT】键和【PRGRM】键，显示程序存储器使用量的信息。

（2）现在位置的显示。

按【POS】键和【PAGE】键，可显示工件坐标系的位置（软件键【ABS】)、相对坐标系的位置（软件键【REL】）及实际速度显示等三种状态，如图 5—9 所示。

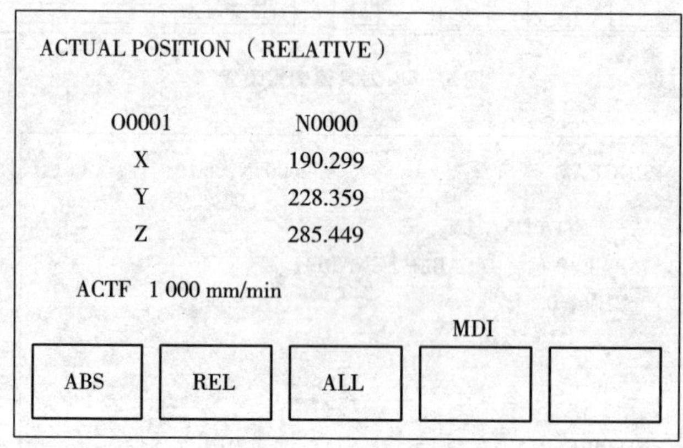

图 5—9 当前坐标位置显示界面

11. 机床的急停

机床在手动或自动运行中，一旦发现异常情况，应立即停止机床的运动。使用按钮【急停】或【进给保持】按钮中的任意一个均可使机床停止。

（1）使用【急停】按钮。如果在机床运行时按下【急停】按钮，机床进给运动和主轴运动会立即停止工作。待排除故障，重新执行程序恢复机床的工作时，顺时针旋转该按钮，按下机床恢复按钮复位后，进行手动返回机床参考点的操作。

（2）使用【进给保持】按钮。如果在机床运行时按下【进给保持】按钮，则机床处于保持状态。待急停解除之后，按下【循环启动】按钮恢复机床运行状态，无需进行返回参考点的操作。

12.【超程】报警解除

刀具超越了机床限位开关规定的行程范围时，显示报警，刀具减速停止。此时用手动将刀具移向安全的方向，然后按【复位】按钮解除报警。

5.2.2 简单零件加工举例

【例 5—1】 凸轮零件如图 5—10 所示，毛坯为 ϕ110 mm 的 45 钢，厚度为 6 mm，编写其加工程序。

（1）图样分析。该凸轮由一段 R50 mm 的圆弧（FGE）、两段 R20 mm 的圆弧（AF 和 DE）、一段 R30 mm的圆弧（BC）和两段直线（AB 和 CD）构成凸轮的轮廓，凸轮厚6 mm，材料为45 钢。图中未注明公差和表面粗糙度，故暂不考虑尺寸精度和表面质量问题。零件毛坯是一个圆形毛坯，在普通车床已粗车外圆直径 ϕ100 mm，厚度为 6 mm，中心的孔已加工出 ϕ20 mm。凸轮的加工数量为一件。

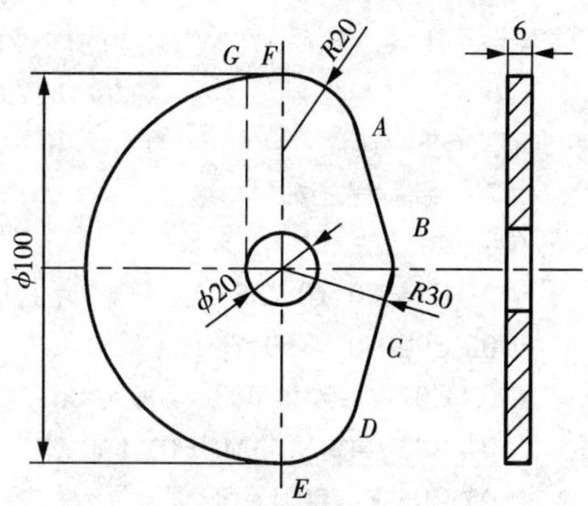

图 5—10　凸轮零件图

（2）选择加工机床。单件的凸轮加工，用立式数控铣床较为合适，可选用 FANUC 系统 7140 立式铣床。

（3）加工工序的划分。该凸轮的材料为 45 钢，毛坯直径为 ϕ110 mm，材料的切削量不大，铣刀沿凸轮的轮廓铣削一圈即可完成加工。加工时分为两道工序：第一道工序是粗铣凸轮轮廓：第二道工序是精铣，精铣时凸轮的径向切削余量为 0. 5 mm。编程时只用一个程序，在粗加工时，设刀具的半径比实际半径值大 0. 5 mm，精加工时为实际值。

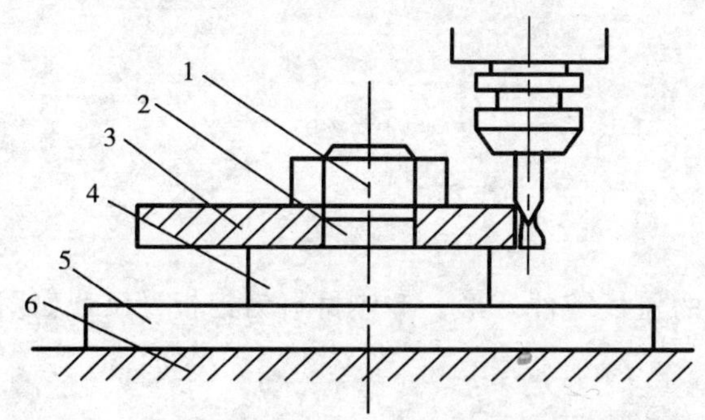

图 5—11　凸轮零件加工夹具及零件安装

1—螺栓；2—芯轴；3—工件；4—垫铁；5—底板；6—工作台

（4）零件的装夹方式与夹具。因为仅加工凸轮的外轮廓，而凸轮的设计基准是中心孔的轴线，定位基准选取 ϕ20 mm 的中心，定位表面为内孔圆柱表面，用台虎钳和压板都不合适，故应设计一个简单专用夹具。如图 5—11 所示，用一个定位芯轴对工件进行定位，用大螺母压紧工件，工件毛坯下有一垫铁将工件托起 10 mm，以防工作台受损，夹具底板放在铣床的工作台上，用压板固定。

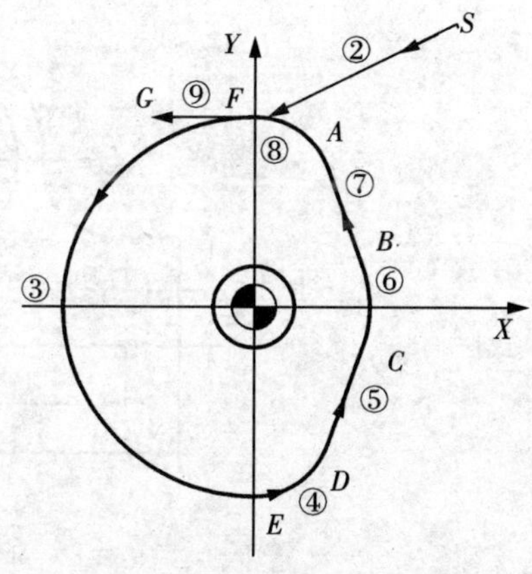

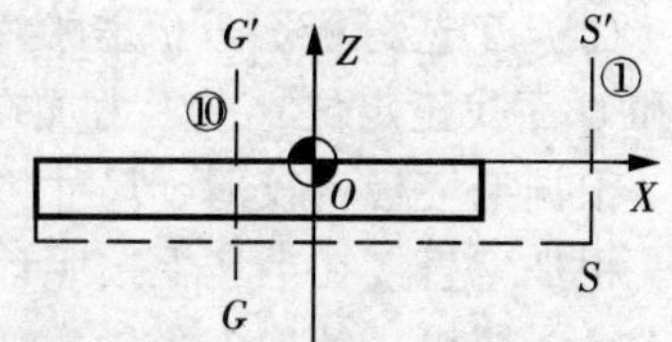

图 5—12　工件坐标系及走刀路线

（5）编程坐标系、坐标与走刀路线。为计算方便，工件坐标系零点设在凸轮毛坯轴心线与工件上表面交点处，如图 5—12 所示。

各点坐标计算为：A（18. 856，36. 667）、B（28. 284，10. 00）、C（28. 284，－10）、D（18. 856，－36. 667）。走刀路线从工件毛坯上方 35 mm 处的 S′（50，80，35）点起刀，垂直进刀到 S（58，80，－7），在点 F（0，50）建立

刀具半径补偿，随后沿图中所标的序号路线进行加工。

（6）刀具与切削用量。本凸轮的加工用 ϕ12 mm 的平底立铣刀，主轴转速 $S=600$ r/min，粗加工时进给速度$F=60$ mm/min，精加工时 $F=30$ mm/min。

（7）编写程序如下：

```
O0601;
N01 G54 X0 Y0 Z35;
N02 G90 G00 X50 Y80;
N03 G01 Z-7.0 M03 F200 S600;
N04 G01 G42 X0 Y50 D01 F60;
N05 G03 Y-50 J-50;
N06 G03 X18.856 Y-36.667 R20.0;
N07 G01 X28.284 Y-10;
N08 G03 X28.284 Y10 R30.0;
N09 G01 X18.856 Y36.667;
N10 G03 X0 Y50 R20;
N11 G01 X-10;
N12 Z35.0 F200;
N13 G00 G40 X0 Y0 M05;
N14 M30;
```

5.2.3 综合举例

【例 5—2】加工如图 5—13 所示的盖板零件外形，毛坯材料为铝板，尺寸如图 5—14 所示，编写加工程序。

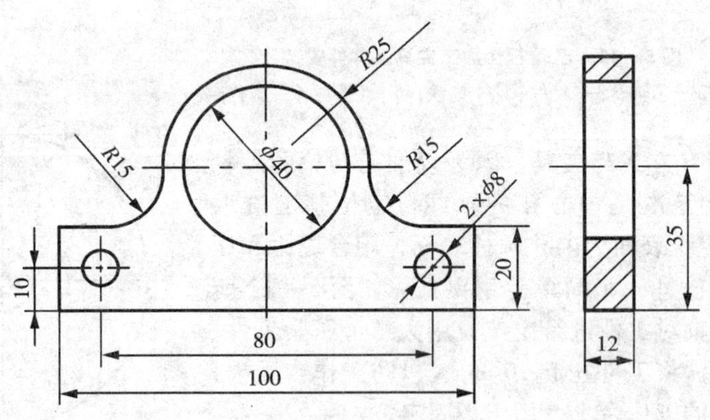

图 5—13　盖板零件图

（1）工艺分析。分析盖板零件图可知，ϕ40 mm 的孔是设计基准，因此考虑以 ϕ40 mm 的孔和 Q 面找正定位，夹紧力加在 P 面上。

根据毛坯板料较薄、尺寸精度要求不太高等特点，拟采用粗、精两刀完成零件的轮廓加工。粗加工直接在毛坯上按照计算出的基点走刀，并利用数控系统的刀具半径补偿功能将精加工余量留出。精加工余量为 0.2 mm。

由于毛坯材料为铝板，不宜采用硬质合金刀具，选择普通高速钢立铣刀进行加工。为了

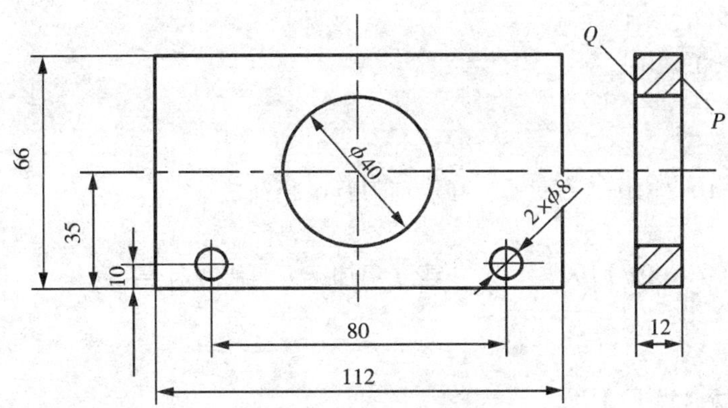

图 5—14　盖板零件毛坯尺寸

避免停车换刀，考虑粗、精加工均采用同一把刀具。

（2）基点坐标计算。如图 5—15 所示，工件轮廓线由 3 段圆弧和 5 段直线连接而成。由图 5—15 可见，基点坐标计算比较简单。选择点 *A* 为原点建立工件坐标系，并在此坐标系内计算各转折点的坐标值。

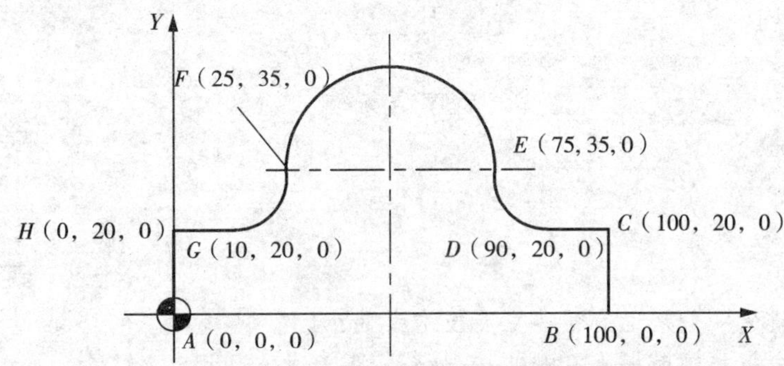

图 5—15　转折点计算

（3）数控程序编写及说明。为了得到比较光滑的零件轮廓，同时使编程简单，考虑粗加工和精加工均采用顺铣方法，走刀路线按 A→H→G→F→E→D→C→B→A 顺序连续铣削。

```
O0602；
N0010 G92 X0 Z0 Y0；                建立工件坐标系
N0020 G00 Z10；
N0030 S1000 M03；
N0040 G00 X－10 Y－10；
N0045 Z-12；
N0050 G17；                         选择插补平面
N0060 G41 G01 X0 Y0 D01 F100；      建立粗加工刀具半径补偿
N0070 X0 Y20；
N0080 X10；
N0090 G03 X25 Y35 I0 J15；
N0100 G02 X75 Y35 I25 J0；
```

```
N0110 G03 X90 Y20 I15 J0;
N0120 G01 X100 Y20;
N0130 Y0;
N0140 X0:
N0150 G40 X-10 Y-10;              取消刀具半径补偿
N0160 G17;
N0170 G41 X0 Y0 D02 F100;         建立精加工刀具半径补偿
N180 G01 X0 Y20;
N0190 X10;
N0200 G03 X25 Y35 I0 J15;
N0210 G02 X75 Y35 I25 J0;
N0220 G03 X90 Y20 I15 J0;
N0230 G01 X100 Y20;
N0240 Y0;
N0250 Z50 X0;
N0260 G40 X-10 Y-10;              取消半径补偿
N0270 G00 Z10;                    抬刀
N0280 M05;
N0290 M30;                        程序结束
```

思考题

1. 数控卧式铣床一般来说有哪些主要技术参数?
2. 数控铣床电器控制面板上有哪些按/旋钮，各起什么作用?
3. 数控铣床系统控制面板上有哪些按/旋钮，各起什么作用?
4. 数控铣床系统的回参考点操作有何重要意义?
5. 数控铣床机床坐标系和工件坐标系之间有哪些区别与联系?
6. 数控铣床如何进行对刀操作?
7. 自动运行前必须做好哪些准备工作?

第6章　加工中心编程

6.1　加工中心简介

6.1.1　概述

加工中心是备有刀库，并能自动更换刀具，对工件进行多工序加工的数字控制机床（本书介绍的加工中心是指镗铣类加工中心）。

工件经一次装夹后，数字控制系统能控制机床按不同工序自动选择和更换刀具，自动改变机床主轴转速、进给量和刀具相对工件的运动轨迹及其他辅助机能，依次完成工件几个面上多工序的加工。加工中心由于工序的集中和自动换刀，减少了工件的装夹、测量和机床调整等时间，使机床的切削时间达到机床开动时间的80%左右（普通机床仅为15%～20%）；同时也减少了工序之间的工件周转、搬运和存放时间，缩短了生产周期，具有明显的经济效果。加工中心是一种综合加工能力较强的设备，工件一次装夹后能完成较多的加工内容，加工精度较高，如果加工中等加工难度的批量工件，其效率是普通加工设备的5～10倍。特别是它能完成许多普通设备不能完成的加工，而且对形状较复杂、精度要求高的单件或中小批量加工更为适用。因此，加工中心是从一个方面判断企业技术能力和工艺水平高低的标志。

第一台加工中心是1958年由美国的卡尼—特雷克公司研制成功的。它在数控卧式镗铣床的基础上增加了自动换刀装置，从而实现了工件一次装夹后即可进行铣削、钻削、镗削、铰削和攻丝等多种工序的集中加工。

加工中心设置有存放着不同数量的各种刀具或检具的刀库，在加工过程中由程序控制自动选用和更换。这是它与数控铣床、数控镗床的主要区别。加工中心为了加工出所需零件形状，至少要有三个坐标运动，即由三个直线运动坐标X、Y、Z和三个转动坐标A、B、C适当组合而成，多者能达十几个运动坐标。加工中心与普通数控机床相比结构较复杂，控制系统功能较多。其控制功能最少可实现三轴联动控制，实现刀具运动直线插补和圆弧插补，多的可实现五轴联动、六轴联动以及螺旋线插补。加工中心还具有不同的辅助功能，如各种加工固定循环、自动对刀、刀具半径及长度补偿、刀具破损检测报警、刀具寿命管理、过载与超行程自动保护、丝杠螺距误差补偿、丝杠间隙补偿、故障自动诊断、工件与加工过程图形显示等，它们对于提高机床的加工效率，保证产品的加工精度和质量等都是普通加工设备无法相比的。

加工中心是典型的集高新技术于一体的机械加工设备，它的发展代表了一个国家制造业的水平，在国内外都受到了高度重视。

与普通数控机床相比，加工中心具有以下几个突出特点：

（1）全封闭/半封闭防护。所有的加工中心都有防护门，加工时，将防护门关上，能有效防止人身伤害事故。

(2) 工序集中，加工连续进行。加工中心通常具有多个进给轴（三轴以上），甚至多个主轴，联动的轴数也较多，如三轴联动、四轴联动、五轴联动等，因此能够自动完成多个平面和多个角度位置的加工，实现复杂零件的高精度加工。在加工中心上一次装夹可以完成铣、镗、钻、扩、铰、攻丝等加工，工序高度集中。

(3) 使用多把刀具，刀具自动交换。加工中心带有刀库和自动换刀装置，在加工前将需要的刀具装入刀库，在加工时能够通过程序控制自动更换刀具。

(4) 使用多个工作台，工作台自动交换。加工中心上如果带有自动交换工作台，可实现一个工作台在加工的同时，另一个工作台完成工件的装夹，从而大大缩短了辅助时间，提高了加工效率。

(5) 功能强大，趋向复合加工。加工中心可复合车削功能、磨削功能等，如圆工作台可驱动工件高速旋转，刀具只作主运动而不进给，完成类似车削的加工，这使加工中心有更广泛的加工范围。

(6) 高自动化、高精度、高效率。加工中心的主轴转速、进给速度和快速定位精度高，可以通过切削参数的合理选择，充分发挥刀具的切削性能，减少切削时间，且整个加工过程连续，各种辅助动作快，自动化程度高，减少了辅助动作时间和停机时间。因此，加工中心的生产效率很高。

加工中心的发展已有40多年的历史，由于它在机械加工中的重要作用，各个工业发达国家都极为重视，在技术和产量上都发展很快。美国是加工中心第一消费大国，日本是加工中心第一生产大国，而德国是加工中心技术第一大国。我国从20世纪70年代开始发展加工中心，技术及产量和世界先进水平相比还有较大差距。

6.1.2 工艺特点及加工对象

加工中心作为一种高效多能机床，它的制造工艺与普通机床及普通数控机床有很大不同。随着加工中心自动化程度的不断提高和工具系统的发展，其工艺范围越来越广泛。

1. 适合于加工中心加工的零件

(1) 周期性重复投产的零件。有些产品的市场需求具有周期性和季节性，如果采用专门生产线则得不偿失，用普通设备加工效率又太低，质量不稳定，数量也难以保证，这两种方式在市场中必然淘汰。而采用加工中心首件（批）试切完后，程序和相关生产信息可保留下来，下次产品再生产时，只要很少的准备时间就可开始生产。进一步来说，加工中心工时包括准备工时和加工工时，加工中心把很长的单件准备工时平均分配到每一个零件上，使每次生产的平均实际工时减少，生产周期大大缩短。

(2) 高效、高精度工件。有些零件需求甚少，但属关键部件，要求精度高且工期短，用传统工艺需用多台机床协调工作，周期长，效率低，在长工艺流程中，受人为影响容易出废品，从而造成重大经济损失。而采用加工中心进行加工，生产完全由程序自动控制，避免了工艺流程，减少了硬件投资及人为干扰，具有生产效益高及质量稳定的特点。

(3) 合适批量的工件。加工中心生产的柔性不仅体现在对特殊要求的快速反应上，而且可以快速实现批量生产，从而提高市场竞争能力。加工中心适合于中小批量生产，特别是小批量生产，在应用加工中心时，尽量扩大批量，以达到良好的经济效果。随着加工中心及辅具的不断发展，加工批量越来越小，对一些复杂零件，5～10件就可生产，甚至单件生产时也可考虑用加工中心。

（4）工位和工序可集中的工件。

（5）形状复杂的零件。随着四轴联动、五轴联动加工中心的应用以及 CAD / CAM 技术的成熟，使加工零件的复杂程度大幅提高。DNC 的使用使同一程序的加工内容足以满足各种加工需要，使复杂零件的自动加工成为易事。

（6）难测量的零件。

需要说明的是，对于某些装夹困难或完全由找正定位来保证加工精度的零件，则不适合在加工中心生产。

2. 按零件形状特点分类适合用加工中心加工的零件

（1）箱体类零件，如图 6—1 所示。

箱体类零件是指具有一个以上的孔系，并有较多型腔的零件。这类零件在机械、汽车、飞机等领域的产品中应用较多，如汽车的发动机缸体、变速箱体，机床的床头箱、主轴箱，柴油机缸体，齿轮泵壳体等。

箱体类零件在加工中心上加工，一次装夹可以完成普通机床 60% ~ 95% 的工序内容，零件各项精度一致性好，质量稳定，同时可缩短生产周期，降低成本。对于加工工位较多，工作台需多次旋转角度才能完成的零件，一般选用卧式加工中心，当加工的工位较少，且跨距不大时，可选立式加工中心，从一端进行加工。

（2）复杂曲面，如图 6—2 所示。

图 6—1　箱体零件

图 6—2　复杂曲面

在航空航天、汽车、船舶、国防等领域的产品中，复杂曲面类占有较大的比重，如叶轮、螺旋桨、各种曲面成型模具等。

就加工的可能性而言，在不出现加工干涉区或加工盲区时，复杂曲面一般可以采用球头铣刀进行三坐标联动加工，加工精度较高，但效率较低。如果工件存在加工干涉区或加工盲区，就必须考虑采用四坐标或五坐标联动的机床。

（3）异型件，如图 6—3 所示。

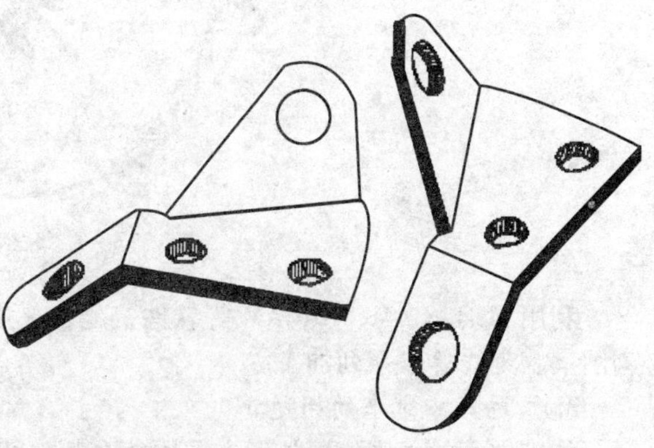

图 6—3　异型件

异型件是外形不规则的零件，大多需要

点、线、面多工位混合加工，如支架、基座、样板、靠模等。异型件的刚性一般较差，夹压及切削变形难以控制，加工精度也难以保证，这时可充分发挥加工中心工序集中的特点，采用合理的工艺措施，一次或两次装夹，完成多道工序或全部的加工内容。

（4）板类零件，如图 6—4 所示。

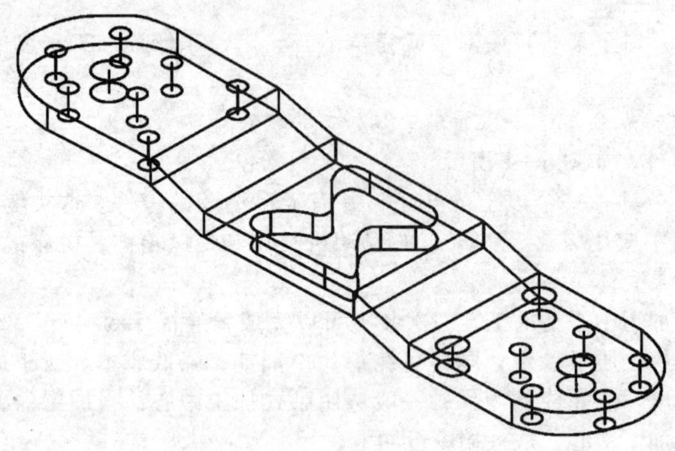

图 6—4　板类零件

带有键槽、型腔或表面有分布孔系及曲面的板类零件，适宜采用加工中心加工。端面有分布孔系、曲面的零件宜选用立式加工中心，侧面有孔或曲面的零件宜选用卧式加工中心。

（5）雕刻图案类零件，如图 6—5 所示。

图 6—5　雕刻图案类零件

利用 MasterCAM、ArtCAM 等软件，配合一定工装和专用工具，利用加工中心可完成刻字、刻图案、刻线等一系列加工。

3. 工序集中带来的问题

加工中心的工序集中加工方式固然有其独特的优点，但也带来了一些问题，如：

（1）粗加工后直接进入精加工阶段，工件的温升来不及回复，冷却后尺寸会有所变动。

（2）工件由毛坯直接加工为成品，一次装夹中金属切除量大，几何形状变化大，没有释放应力的过程，加工一段时间后内应力释放，将会使工件变形。

（3）切削不断屑，切屑的堆积、缠绕等会影响加工的顺利进行及零件的表面质量，甚至使刀具损坏，工件报废。

（4）装夹零件的夹具必须满足既能克服粗加工大的切削力，又能在精加工中准确定位的要求，而且零件夹紧变形要小。

（5）由于 ATC 的应用，使工件尺寸、大小、高度都受到了一定的限制，钻孔深度、刀具长度、刀具直径、重量等也要予以考虑。

6.1.3　加工中心的分类

1. 按照机床结构分类

（1）立式加工中心。

立式加工中心指主轴轴线为垂直状态设置的加工中心，如图 6—6 所示。其结构形式多为固定立柱式，工作台为长方形，无分度回转功能，适合加工盘、套、板类零件。一般具有三个直线运动坐标，并可在工作台上安装一个水平轴的数控回转台，用以加工螺旋线零件。

立式加工中心装夹工件方便，便于操作，易于观察加工情况，但加工时切屑不易排除，且受立柱高度和换刀装置的限制，不能加工太高的零件。立式加工中心的结构简单，占地面积小，价格相对较低，应用广泛。

图 6—6　立式加工中心

（2）卧式加工中心。

卧式加工中心指主轴轴线为水平状态设置的加工中心，如图 6—7 所示。卧式加工中心一般具有分度转台或数控转台。卧式加工中心一般都具有三至五个运动坐标，常见的是三个直线运动坐标加一个回转运动坐标，它能够使工件在一次装夹后完成除安装面和顶面以外的其余四个面的加工，最适合加工箱体类零件。也可作多个坐标的联合运动，以便加工复杂的空间曲面。

卧式加工中心调试程序及试切时不便观察，加工时不便监视，零件装夹和测量不方便，但加工时排屑容易，对加工有利。与立式加工中心相比，卧式加工中心的结构复杂，占地面积大，价格也较高。

（3）龙门式加工中心。

龙门式加工中心的形状与龙门铣床相似，如图 6—8 所示。主轴多为垂直设置（也有水平设置)，除自动换刀装置外，还带有可更换的主轴附件，数控装置的功能也较齐全，能够一机多用，尤其适用于加工大型或形状复杂的零件，如飞机上的梁、框、壁板等。

图6—7　卧式加工中心

图6—8　龙门式加工中心

(4) 复合加工中心。

复合加工中心兼有立式和卧式加工中心的功能，使原来要在两台机床上完成的任务在一台机床上即可完成，工序更加集中。常见的复合加工中心有两种形式：一种是主轴可旋转90°，进行立卧式加工；另一种是工作台带动工件旋转90°，进行工件五个表面的加工。

2. 按刀库形式分类

(1) 刀库、机械手的加工中心这种加工中心的换刀装置由刀库和机械手组成，换刀机械手完成换刀动作。

(2) 机械手的加工中心（斗笠式刀库）。这种加工中心的换刀是通过刀库和主轴箱的配合动作来完成的。一般是采用把刀库放在主轴箱可以运动到的位置，或刀库可以移动到主轴箱的位置。当采用刀库移动时，换刀由刀库移动到主轴的正下方，由主轴的上升／下降进行刀具的取放，换完刀具后刀库离开主轴。

(3) 转塔式刀库加工中心。用转塔实现换刀是最早实现的自动换刀方式。一般在孔加工的加工中心上采用转塔式刀库，换刀动作直接由转塔式刀库的转动完成。一般情况下转塔式刀库所能更换的刀具数量较少。

6.2　加工中心的程序编制

6.2.1　数控系统的功能

本节以 FANUC－0MD 数控系统为例介绍加工中心的编程指令。

1. 准备功能 G 代码

FANUC－0MD 数控系统的准备功能 G 代码如表 6—1 所示。

表 6—1　　准备功能 G 代码

G 代码	分组	功能	G 代码	分组	功能
* G00	01	点定位（快速移动）	G56	12	选用 3 号工件坐标系
* G01	01	直线插补（进给速度）	G57	12	选用 4 号工件坐标系
G02	01	顺时针圆弧插补	G58	12	选用 5 号工件坐标系
G03	01	逆时针圆弧插补	G59	12	选用 6 号工件坐标系
G04	00	暂停	G60	00	单一方向定位
G09	00	准停检验	G61	13	精确停止方式
G10	00	偏移量设定	* G64	13	切削方式
G15	18	极坐标指令取消	G68	16	坐标系旋转
G16	18	极坐标指令	G69	16	坐标系旋转取消
* G17	02	选择 *XY* 平面	G73	09	深孔钻削固定循环（断屑式）
G18	02	选择 *ZX* 平面	G74	09	反螺纹攻丝固定循环
G19	02	选择 *YZ* 平面	G76	09	精镗固定循环
G20	06	英制尺寸	G80	09	取消固定循环
G21	06	米制尺寸	G81	09	钻削固定循环
G27	00	返回参考点检验	G82	09	钻削固定循环
G28	00	返回参考点	G83	09	深孔钻削固定循环（排屑式）
G29	00	从参考点返回	G84	09	攻丝固定循环
G30	00	返回第二参考点	G85	09	镗削固定循环
* G40	07	取消刀具半径补偿	G86	09	镗削固定循环
G41	07	刀具半径左补偿	G87	09	背镗固定循环
G42	07	刀具半径右补偿	G88	09	镗削固定循环
G43	08	刀具长度正补偿	G89	09	镗削固定循环
G44	08	刀具长度负补偿	* G90	03	绝对值指令方式
* G49	08	取消刀具长度补偿	G91	03	增量值指令方式
G50	11	图形缩放取消	G92	00	设定工件坐标系
G51	11	图形缩放打开	* G94	05	每分进给
G52	00	设置局部坐标系	G95	05	每转进给
G53	00	选择机床坐标系	* G98	04	返回初始平面
G54	12	选用 1 号工件坐标系	G99	04	返回 *R* 平面
G55	12	选用 2 号工件坐标系			

注：1. 00 组的 G 代码是非模态，这些 G 代码只在它们所在的程序段起作用。

2. 标有 * 号的 G 代码是上电时的初始状态，对于 G01 和 G00、G90 和 091 上电时的初始状态由参数决定。

3. 如果程序中出现了未列在表中的 G 代码，CNC 会显示 10 号报警。

4. 同一程序段中可以有几个 G 代码出现，但当两个或两个以上的同组 G 代码出现时，最后出现的一个（同组的）G 代码有效。

5. 在固定循环模态下，任何一个 01 组的 G 代码都将使固定循环模态自动取消，变为 G80 模态。

2. 辅助功能

加工中心用S代码来对主轴转速进行编程，用T代码进行选刀编程，其他可编程辅助功能由M代码实现，见表6—2。

表6—2　　辅助功能代码

M代码	功能	M代码	功能
M00	程序停止	M18	主轴定向解除
M01	条件程序停止	M19	主轴定向
M02	程序结束	M30	程序结束并返回程序头
M03	主轴正转	M93	冲屑1开
M04	主轴反转	M94	冲屑1关
M05	主轴停止	M95	冲屑2开
M06	刀具交换	M96	冲屑2关
M08	冷却液开	M98	调用子程序
M09	冷却液关	M99	子程序结束返回

注：一般情况下，一个程序段中，M代码最多可以有一个。执行M06换刀指令之前，必须有T代码及返回第二参考点指令（G30），详细说明请见6.2.2节编程指令详解。

6.2.2　编程指令详解

表6—1、表6—2中列出了加工中心的所有编程指令（FANUC系统），其中已经在第5章数控铣床中介绍过的指令就不再重复介绍了，这里只介绍不同的指令。

1. 可变更加工坐标系指令G10

格式：G10 L2 P_ X_ Y_ Z_；

其中：

P=0：外部工件原点偏移值。

P=1～6：工件坐标系1～6的工件零点偏移（即对应G54～G59的工件零点偏移）。

X_ Y_ Z_：对于绝对值指令（G90），为每个轴的工件零点偏移值；对于增量值指令（G91），为每个轴加到设定的工件零点的偏移量（相加的结果为新的工件零点偏移量）。

例如，当前G56的设定页面为X-200 Y-200 Z-200，当执行程序段G90 G10 L2 P3 X-10 Y-5 Z-20时，则G56的设定页面变为X-10 Y-5 Z-20。若执行程序段G91 G10 L2 P3 X-10 Y-5 Z-20，则G56的设定页面变为X-210 Y-205 Z-220。

2. 可扩展工件坐标系指令G54

当编程时所需工件坐标系的数目超过6个时，可以使用可扩展工件坐标系指令G54，最多可扩展48个坐标系。

格式：G54 Pn；（n=1～48）

3. 刀具长度补偿指令G43、G44、G49

G43：刀具长度补偿正向偏置。

G44：刀具长度补偿负向偏置。

G49：取消刀具长度补偿。

格式：G43（G44）Z_ H_；

当刀具磨损时，可在程序中使用刀具长度补偿指令补偿刀具尺寸的变化，而不必重新调整刀具和重新对刀，或者在加工中心上使用多刀加工时，可补偿刀具之间长度的差值。在G17情况下，刀具补偿G43和G44只能用于Z轴的补偿，而对X轴和Y轴无效。格式中的Z值是指程序中的指令值。H为补偿功能代号，它后面的两位数字是刀具补偿寄存器的地址字，如H01是指01号寄存器，在该寄存器中存放刀具长度的补偿值。除H00必须为0外，其余寄存器存放刀具长度补偿值，该值的范围为：米制±999.99 mm；英制±99.999 in。

如图6—9所示，执行G43时：

Z实际值=Z指令值+（H××）

执行G44时：

Z实际值=Z指令值-（H××）

式中，（H××）是指编号为××寄存器中的补偿量。采用取消刀具长度补偿指令G49或G43 H00和G44 H00可以撤销补偿指令。

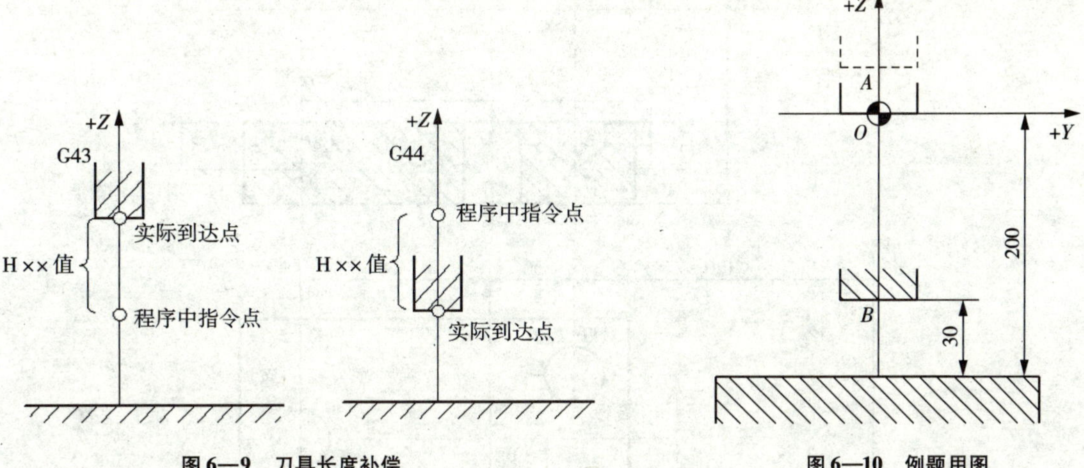

图6—9 刀具长度补偿

图6—10 例题用图

例如，如图6—10所示，当（H05）=200 mm时，程序为：

```
N1 G92 X0 Y0 Z0;                 设定O点为程序零点
N2 G90 G00 G44 Z30.0 H05;        指令刀具从点A到达点B
```

若（H05）=-200 mm，则程序为：

```
N1 G92 X0 Y0 Z0;                 设定O点为程序零点
N2 G90 G00 G43 Z30.0 H05;        指令刀具从点A到达点B
```

又如，如图6—11所示，（H01）=-8 mm，（H02）=8 mm，程序如下：

```
N1 G91 G00 X120.0 Y80.0;         刀具从X、Y向程序零点出发
N2 G43 Z-32.0 H01（或N2 G44 Z-32 H02）;
N3 G01 Z-21.0 F120;
N4 G04 P1000;
N5 G00 Z21.0;
N6 X30.0 Y-50.0;
N7 G01 Z-41.0 F120;
```

N8 G00 Z41.0;

N9 X60.0 Y30;

N10 G01 Z-23.0 F120;

N11 G04 P1000;

N12 G49 G00 Z55.0;

N13 X-210.0 Y-60.0;

N14 M02;

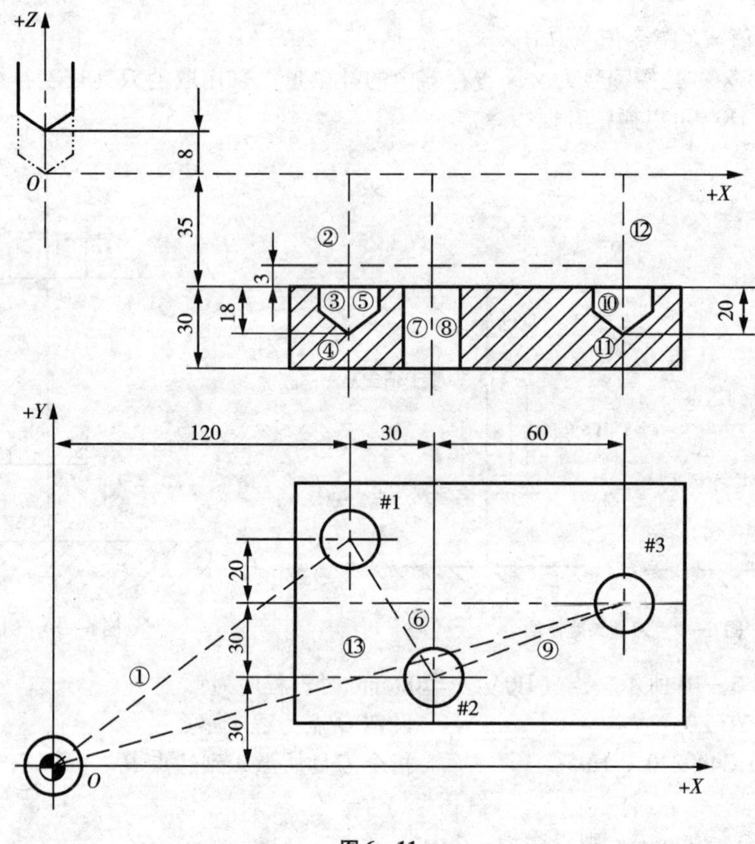

图 6—11

4. 调用子程序指令 M98

格式：M98 P○○○××××；

地址 P 后面所跟的数字中，后面的四位用于指定被调用的子程序的程序号，前面三位用于指定调用的重复次数。如果 P 后面的数字少于或等于四位，系统认为是子程序号，重复次数为 1。例如：

M98 P51002;　　　　调用 1002 号子程序，执行 5 次

M98 P1002;　　　　调用 1002 号子程序，执行 1 次

M98 P4;　　　　调用 4 号子程序，执行 1 次

M98 P50004;　　　　调用 4 号子程序，执行 5 次

子程序调用指令 M98 不能在 MDI 方式下执行，如果需要单独执行一个子程序，可以在编

辑方式下编辑如下程序，并在自动运行方式下执行。

O××××；

M98 P××××；

M02；

在 M99 返回主程序指令中，可以用地址 P 来指定一个顺序号，当这样的一个 M99 指令在子程序中被执行时，返回主程序后并不是执行紧接着调用子程序的程序段后的那个程序段，而是转向具有地址 P 指定的顺序号的那个程序段。如下例：

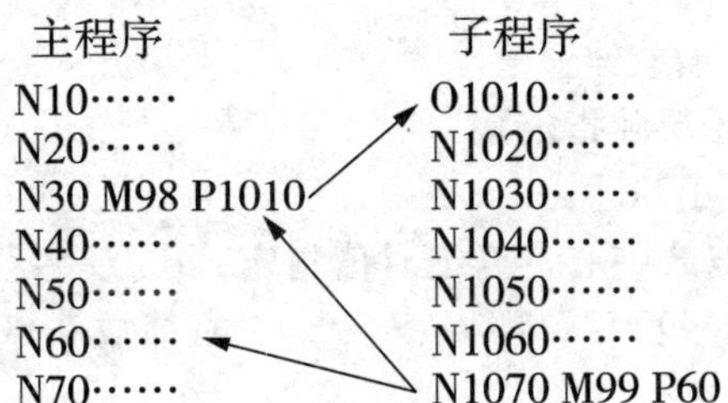

5. 返回第二参考点指令 G30

格式：G30 X_ Y_ Z_；

该指令的使用和执行都和 G28 指令非常相似，都是经过中间点返回参考点；唯一不同的是，G30 指令返回的是第二参考点，而 G28 指令返回的是机床参考点。

第二参考点是机床上的固定点，它和机床参考点之间的距离由参数给定。第二参考点指令主要用于刀具交换，因为机床的 *Z* 轴换刀点为 *Z* 轴的第二参考点，也就是说，刀具交换前必须先执行 G30 指令。

若想从当前点直接返回第二参考点，可执行如下指令：

G91 G30 Z0；

6. 换刀指令 M06

方法一：在加工中心进行刀具交换时，可采用如下指令格式：

T×× M06；

方法二：编制换刀子程序，在换刀时调用即可。

换刀子程序如下：

O8999；	换刀子程序
M05；	主轴停
M09；	切削液停
G80；	取消固定循环
G91 G30 Z0；	*Z* 轴返回第二参考点（换刀点）
G49 M06；	取消长度补偿，换刀
M99；	

换刀时可直接调用子程序，格式如下：

T××；	选刀
M98 P8999；	调用换刀子程序

注意：当换刀指令完成后，已变成 G91 指令，若要换成 G90 模态，则须重新执行 G90 指令。

7. 比例缩放功能

（1）比例缩放功能。

① 方法一（各轴比例因子相等）。

格式：G51 X_ Y_ Z_ P_；

其中：*X*、*Y*、*Z* 为比例缩放中心，以绝对值指定；*P*（不能为小数）为比例因子，指定范围为 0.001～999.999 倍，即 *P*＝1 时缩放 0.001 倍，*P*＝100 时缩放 1 倍。

比例缩放由 G50 取消。

格式：G50；

注意：比例缩放功能不能缩放偏置量。

② 方法二（各轴比例因子单独指定）。

格式：G51 X_ Y_ Z_ I_ J_ K_；

式中：*X*、*Y*、*Z* 为比例缩放中心，以绝对值指定；*I*、*J*、*K* 为各轴（*X*、*Y*、*Z*）比例因子，指定范围为 ±0.001～±9.999 倍，即 *I*、*J*、*K*＝1 时缩放 0.001 倍，*I*、*J*、*K*＝1 000时缩放 1 倍。

注意：比例系数 *I*、*J*、*K* 不能用小数点。

（2）镜像加工。

当各轴比例因子为负值（*I*、*J*、*K*＝－1 000）时，则执行镜像加工，以比例缩放中心为镜像对称中心。

【例 6—1】 如图 6—12 所示四个三角形轨迹，利用镜像加工实现。

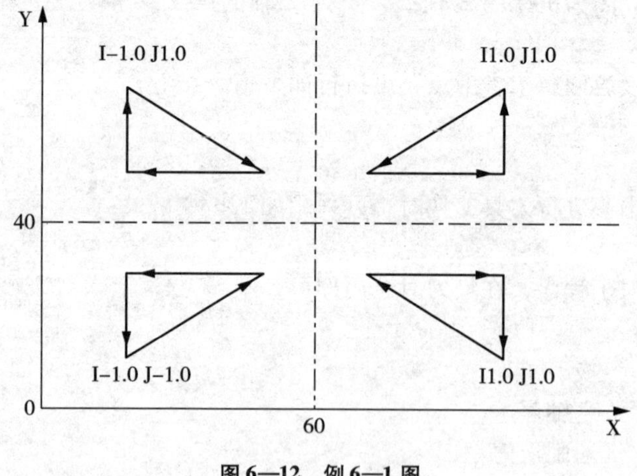

图 6—12　例 6—1 图

子程序：

```
O9000;
G00 X70 Y50;
C01 X100;
Y70;
X70 Y50;
G00 X60 Y40;
M99;
```

主程序：

G90 G54 G00 X60 Y40；	
M98 P9000；	加工第 1 象限图形
G51 X60 Y40 I-1000 J1000 K1000；	*X* 轴镜像
M98 P9000；	加工第 2 象限图形
G51 X60 Y40 I 1000 J-1000 K1000；	*X*、*Y* 轴镜像
M98 P9000；	加工第 3 象限图形
G51 X60 Y40 I1000 J-1000 K1000；	*X* 轴镜像取消，*Y* 轴镜像
M98 P9000；	加工第 4 象限图形
G50；	取消比例缩放
M30；	

8. 坐标系旋转指令 G68、G69

G68：坐标旋转功能开；

G69：坐标旋转功能关。

格式：G17/G18/G19 G68 α_ β_ R_；

如图 6—13 所示，其中 α、β 表示旋转中心点坐标值（绝对值指定）。旋转中心的两个坐标轴与 G17、G18、G19 坐标平面一致。G17 平面为 *XY* 轴平面，G18 平面为 *XZ* 轴平面，G19 为 *YZ* 轴平面。*R* 表示旋转角度，单位为度（°），旋转角度的指令范围为 ± 360°。若省略 α、β，则 G68 指令的刀具位置被设定为旋转中心。

注意：

（1）对程序指令进行坐标系旋转之后，再进行刀具偏置（如刀具半径补偿、刀具长度补偿）。

（2）如果在比例缩放方式（G51）下执行坐标系旋转，则旋转中心的坐标值（α、β）也将按比例缩放，但是旋转角度（*R*）不按比例缩放。

（3）编程时，应首先使用比例缩放，然后进行坐标系旋转。

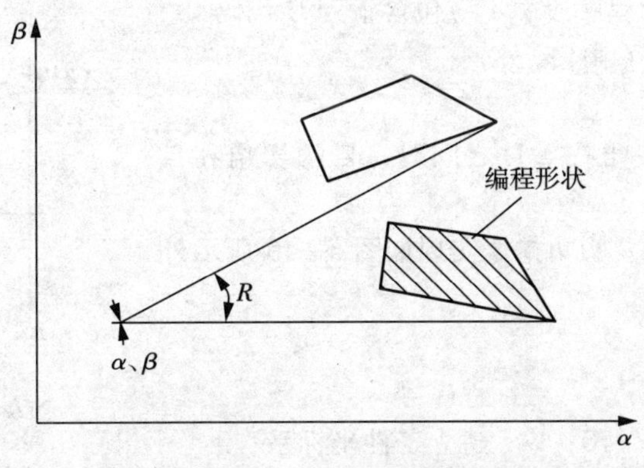

图 6—13　坐标系旋转

9. 极坐标系指令 G15、G16

G15：极坐标系指令取消；

G16：极坐标系指令打开。

格式：G17/G18/G19 G16 α_ β_；

其中：

（1）指定 G17 平面时，α_ β_ 表示 X_ Y_，其中 X 表示极径，Y 表示极角。

（2）指定 G18 平面时，α_ β_ 表示 Z_ X_，其中 Z 表示极径，X 表示极角。

（3）指定 G19 平面时，α_ β_ 表示 Y_ Z_，其中 Y 表示极径，Z 表示极角。

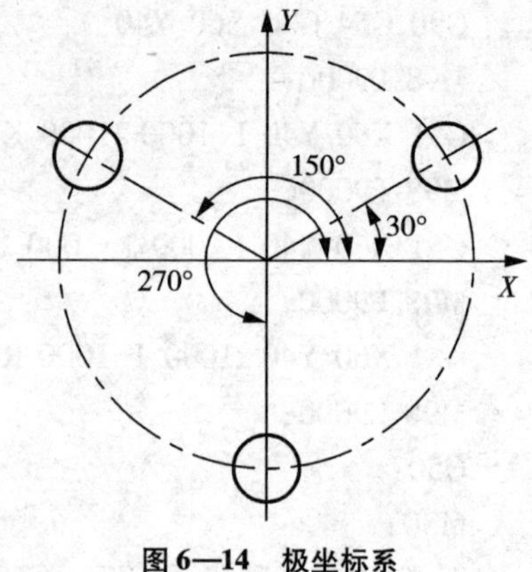

图 6—14　极坐标系

【例 6—2】 钻如图 6—14 所示的三个孔，利用极坐标指令实现。

程序如下：

O0008；	
N1 G17 G90 G54 G16 M03 S500；	极坐标指令 XY 平面
N2 G81 X100. 0 Y30. 0 Z－20. 0 R－5. 0 F200；	极径 100 mm，极角 30°
N3 X100. 0 Y150. 0；	极径 100 mm，极角 150°
N4 X100. 0 Y270. 0；	极径 100 mm，极角 270°
N5 G15 G80；	极坐标取消，固定循环取消
N6 M02；	

10. 可选切角及圆角指令

在两段直线插补之间，可以自动加入切角或圆角。格式如下：

自动切角：，C_；

自动圆角：，R_；

自动切角功能从两条直线距离交点为 C 的位置形成一个切角；自动圆角功能在两条直线之间插入一段半径为 R 并与两条直线都相切的圆弧。使用该功能时应注意地址 R 或 C 前面一定要有字符“，”。

执行以上两个功能的程序段中不应包含下列 G 代码；

（1）00 组的 G 代码（G04 除外）；

（2）G02 和 G03。

当两条直线之间的夹角在 ±1°之间时，自动切角和自动圆角被忽略。

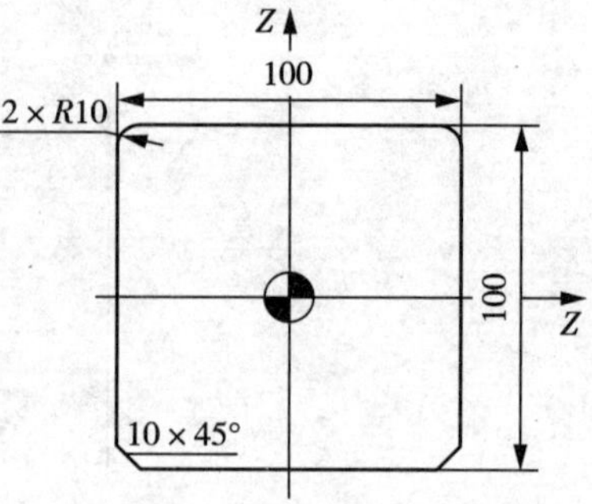

图 6—15　切角及圆角指令

【例 6—3】 利用切角及圆角指令实现如图 6—15 所示外形轮廓的加工。

程序如下：

O0009；	程序号
G90 G54 G00 X-70 Y-70；	建立工件坐标系
Z100 M03 S500；	Z 轴至起始高度，启动主轴
Z10；	Z 轴下降至安全高度
G01 Z-10 F100；	下刀
G41 X-50 Y-55 D01；	加上刀具半径补偿
G01 Y50 R10；	加入圆角指令

```
X50 R10;                     加入圆角指令
Y-50 C10;                    加入切角指令
X-50 C10;                    加入切角指令
Y-40;                        轴至 -40 处
G00 Z100;                    Z 轴至起始高度
G40 X-70 Y-70 M05;           取消刀补，停止主轴
M30;                         程序结束
```

思考题

1. 加工中心与数控铣床相比，二者有哪些相同点和不同点？
2. 加工中心的工艺特点及加工对象是什么？
3. 加工中心有哪些种类？
4. 加工中心常用的对刀仪器有哪些？如何使用？
5. 什么叫宏程序？宏程序有何作用？

第7章　加工中心的操作

7.1　加工中心的操作

加工中心在实际生产中的应用十分广泛，本节以 TH5632C（FANUC－OMD 系统）为例简述加工中心的操作。

7.1.1　加工中心的操作

1. 主要控制功能

加工中心的主要控制功能包括直线插补、顺时针和逆时针圆弧插补、比例缩放、坐标平移、坐标旋转、公英制转换、图形模拟加工、参数编程等，可指定绝对坐标、增量坐标和极坐标编程。系统还有多种固定加工循环子程序，用于简化常见零件的加工编程，如多种方式的钻孔加工循环、镗孔加工循环、攻螺纹加工循环和槽加工循环等。其操作面板分为系统操作面板和机床控制面板两大部分。

2. 系统操作面板

系统操作面板即手动输入面板，是由 CRT 显示器和操作键盘组成的，如图 7—1 所示。面板功能键介绍见表 7—1。

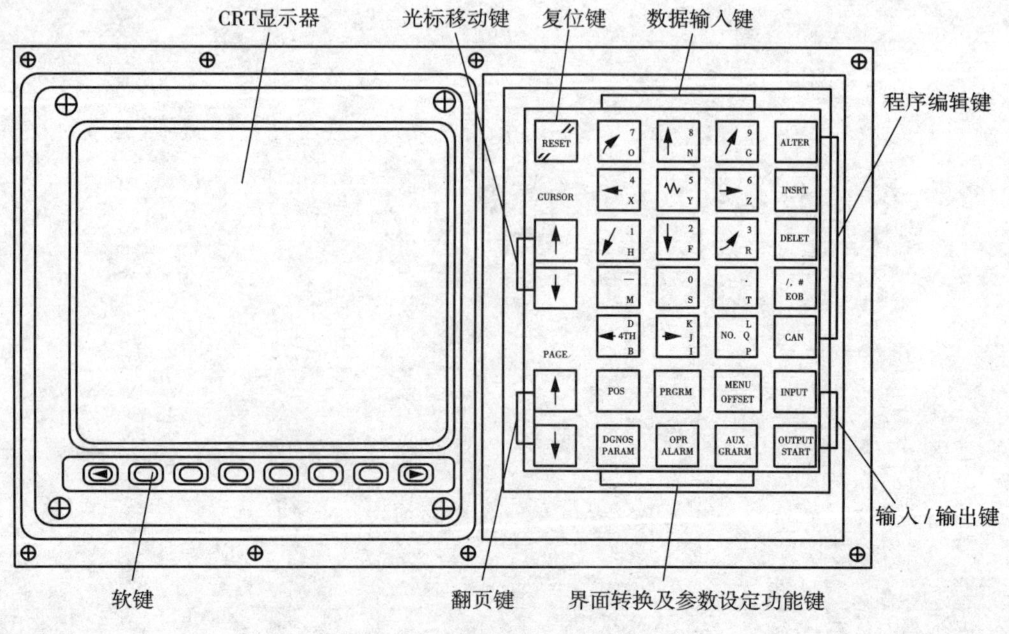

图 7—1　手动输入面板

表 7—1　手动输入面板功能键介绍

功能键	详解
POS	坐标显示页面功能键：按该键并结合扩展功能键，可显示各坐标轴位置的机床坐标、绝对坐标和增量坐标值，以及在程序执行过程中各坐标轴距指定位置的剩余移动量
PRGRM	程序显示页面功能键：在编辑模式下，可进行程序的编辑、修改、查找，结合扩展功能键可进行 CNC 系统与外部计算机进行程序传输；在 MDI 模式下，可写入指令值，控制机床执行相应的操作；在程序自动运行模式下，可显示程序内容和指令值
MENU OFFSET	加工参数设定页面功能键：结合扩展功能键，可进入刀具长度补偿值、刀具半径补偿值、刀具磨损补偿值以及工件坐标系统设定页面
DGNOS PARAM	参数设定页面功能键：结合扩展功能键，可进入 CNC 系统参数和诊断参数设定页面。这些参数仅供维修人员使用，通常情况下禁止修改，以免出现设备故障
OPR ALARM	报警信息显示页面功能键
AUX GRAPH	刀具路径图形模拟页面功能键：结合扩展功能键，可进入动态刀具路径显示、坐标值显示以及刀具路径模拟有关参数设定页面
CURSOR	光标移动功能键：在执行数据修改、删除、输入操作时，用来指定编辑数据位置
RESET	复位键：终止 CNC 的一切输出指令，CNC 回复到初始状态
INPUT	数据输入键：输入刀具补偿参数值、工件坐标、MDI 指令值、CNC 系统参数设置值等
OUTPUT START	数据指令输出键：在 MDI 模式下，输出当前指令，控制机床执行相应的动作，输出 CNC 内存程序、刀具参数以及系统参数至外部计算机
PAGE	页面显示翻阅键：可翻阅当前 CRT 显示资料的上、下续页
各种字符与数字键	用来写入程序指令和各种参数值，有多个字母的按键，通过按下该键的次数选择要写入资料的字母
扩展功能键	主功能模式下的扩展功能页面键，用 CRT 下的软键来实现
程序编辑功能键	在程序编辑模式下进行程序编辑
ALTER	在程序中光标指定位置进行修改
INSRT	在程序中光标指定位置插入字符或数字
DELET	删除程序中光标指定位置的字符或数字
CAN	取消键：删除写入缓存区的字符

3. 机床操作面板

机床操作面板主要由操作模式选择开关、主轴转速倍率调整开关、进给速度倍率调整开关、快速移动倍率开关以及主轴负载表、各种指示灯、各种辅助功能选择开关和手轮等组成，如图 7—2 所示。

（1）NC 电源开关按钮。

本机床的开关按钮位于 CRT/MDI 面板左侧的 NC 电源面板上，红色按钮为 NC 电源关断，绿色为 NC 电源接通。

（2）方式选择开关。

一般有六种功能模式，通过旋转此开关进行选择。

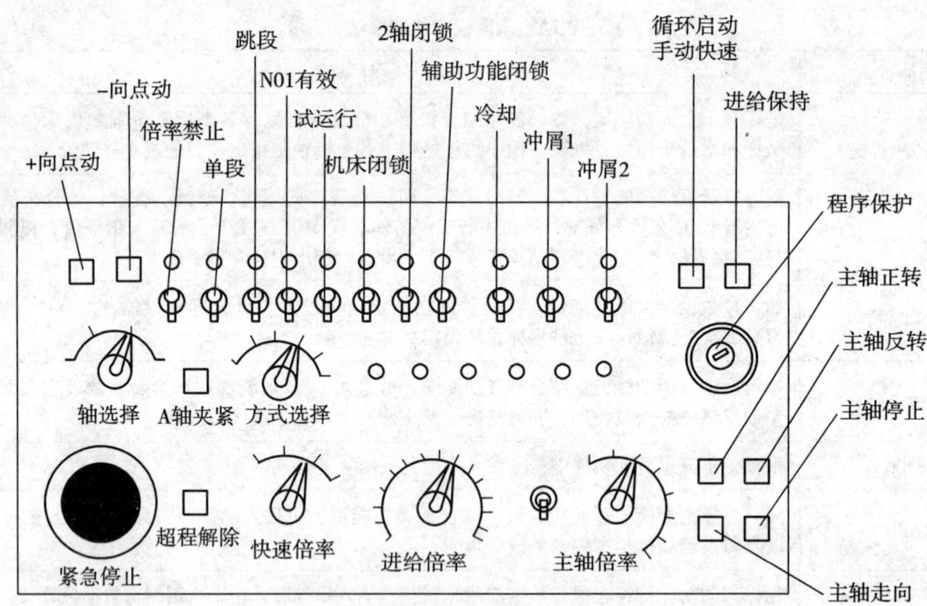

图 7—2　机床操作面板

① 手动回零操作模式。首先切换轴选择开关，选择回参考点的轴，按相应轴“+”向的移动键，各轴自动执行回零操作。需要指出的是，在执行自动回零操作之前，各轴所处的位置距机床原点的距离应小于 - 70。如果回零距离不够，则将模式选择开关指向手轮模式，移动相应的轴到足够的距离。

② 手动进给模式。手动轴选择开关用来选择手动方式下被手动的轴，即 X、Y、Z 或者 A(当有第四轴功能时)。

“+”、“-”按钮用于手动、点动方式下使被选择轴产生指定方向上的运动，或在返回参考点方式下启动被选择轴的参考点返回运动。

在手动点动方式下，主操作面板右上角的循环启动按钮被用作手动快速按钮，按下该按钮的同时按“+”、“-”按钮，被手动轴的运动速度为快速速度。

◆超程解除按钮：当机床三轴中的任一轴超出行程范围，该轴的硬件超程开关动作时，机床便进入紧急停止状态，此时需要按住超程解除按钮解除紧急停止状态，并将超程轴手动开出超程区域。

◆手动换刀操作：按下主轴头上的松刀开关，可取下主轴上的刀柄或将刀柄装入主轴孔。

◆手动启动主轴：顺、逆时针旋转或停止主轴旋转。

③ 手轮移动机床模式。在此模式下用手轮移动轴选择开关选择要移动的轴，然后摇动手轮就可以使被选择轴运动。移动速度通过手轮速度调整开关调整，调整速度分为 ×1、×10、×100 三挡选择，分别表示手轮旋转一格，相应轴的移动量分别为 0.001 mm、0.01 mm、0.1 mm。

④ MDI 手动数据输入模式。在 MDI 方式下，可直接从面板上输入单个程序指令，被输入的程序段不被存入程序存储器，按循环启动键，可执行写入的程序指令。如果需要删除一个地址后面的数据，只需键入该地址，然后按 CAN 键，再按 INPUT 键即可。

⑤ 程序编辑模式。在 PRGRM 显示模式下，编辑修改加工程序。

⑥ 程序自动运行模式。在此模式下，选择需要运行的加工程序，按下循环启动按钮，程序连续自动运行。

(3) 倍率开关。

本机床有三个倍率开关：自动进给倍率/点动进给速度开关、快速倍率开关和主轴倍率开关。

① 自动进给倍率/手动进给速度开关在自动方式下用于给定自动进给速度的倍率，范围为 0～150%。在手动点动方式下，该开关给定了手动、点动的进给速度，分别为0，2.0，3.2，5.0，7.9，12.6，20，32，50，79，126，200，320，500，790，1 260（mm/min）。

② 快速倍率开关用于给定 G00 和手动快速的速度和倍率。

③ 主轴倍率开关用于给定主轴转速的倍率。

(4) 选择功能开关及指示灯。

主操作面板左上方有一排旋钮开关及指示灯；它们是机床的选择功能开关及相应的指示灯。

① 倍率禁止。将该开关旋至上位，相应的指示灯被点亮，此时在自动方式下进给倍率开关将失去作用，所有进给运动的倍率将被固定在 100%。

② 单段。将该开关旋至上位，相应的指示灯被点亮，此时在自动方式下的程序将被一段一段地执行，每个程序段执行完毕后机床便会停止，操作者按循环启动按钮时再执行下一个程序段。将该开关旋至下位时，自动方式下的程序将被连续执行。

③ 跳段。将该开关旋至上位，相应的指示灯被点亮，加工程序中前面有“/”符号的程序段将被跳过而不执行。该开关旋至下位时，加工程序中的符号“/”将被忽略。

④ M01。将该开关旋至上位，相应的指示灯被点亮，加工程序中的 M01 被认为是具有和 M00 同样的功能。该开关置下位时，加工程序中的 M01 不起作用。

⑤ 试运行。将该开关旋至上位，相应的指示灯被点亮，此时，会使自动方式下运行的程序中的切削进给运动的 F 值被忽略，使这些切削进给运动以一个同样的进给速度进行。该功能用于验证加工程序的正确性，试运行的速度与手动点动的速度一致，由进给倍率开关确定。

⑥ 机床闭锁。将该开关旋至上位，相应的指示灯被点亮，此时，无论在自动方式下还是在手动方式下，各轴的运动都被锁住，给出运动指令时，显示的坐标位置正常变化，但实际机床没有任何动作。

⑦ Z 轴闭锁。将该开关旋至上位，相应的指示灯被点亮，此时，任何 Z 轴的运动都被锁住，但 NC 显示的 Z 轴位置正常进行。

⑧ 辅助功能闭锁。将该开关旋至上位，相应的指示灯被点亮，此时，所有的辅助功能将被忽略而不执行。

(5) 自动操作开关。

循环启动按钮用于在自动运行方式下开始加工程序的运行，或在编辑（MDI）方式下执行手动输入的可编程指令。程序自动运行时，循环启动按钮中的指示灯被点亮，以指示 NC 系统正在执行编程指令。

按下进给保持按钮可以在任何时候（攻丝循环时除外）暂停程序的执行并保持 NC 系统当前的状态，同时点亮进给保持按钮的红色指示灯，此时按循环启动按钮可以继续程序的执行。

（6）主轴操作部件。

主操作面板右下角的部分专为主轴操作所用。在主轴转速已经被 S 指令给定的情况下，正转和反转按钮在手动方式下可以使主轴旋转，或者在自动方式下使被手动停止的主轴恢复原来的旋转。主轴转动时，会点亮相应转向的指示灯。定向按钮在手动方式下可以使主轴定向，主轴定向完成后，定向按钮中的指示灯被点亮。按主轴停止按钮，在任何方式下都可以使主轴立即减速停止。

（7）紧急停止。

主操作面板左下角的红色按钮是紧急停止按钮，在紧急情况下按下该按钮可以使机床的全部动作立即停止，以避免事故的发生。按照按钮上箭头所示方向旋转按钮，则可以解除紧急停止状态。

（8）其他开关。

主操作面板右边的开关是存储器程序保护开关。用钥匙将该开关置于解除位置时，可以对存储器的零件程序进行编辑。将该开关置于保护位置时，存储器中的零件程序不能被改变。

右下方的照明灯开关用于控制照明灯，当照明灯本身的开关被打开时，使用该开关可以控制照明灯的开和关。

照明灯开关的左面是冷却控制开关，它是一个带中间位置的旋钮开关。当该开关处于中间位置时，冷却被关闭；置于自动位置时，根据程序的指令决定冷却的开关状态；置于手动位置时，冷却直接被打开。

在主操作面板的中部，有一排指示灯，前面四个是参考点状态指示灯，当各轴返回参考点时，对应的指示灯被点亮。当返回第二参考点时对应的指示灯以一定的频率闪烁。参考点指示灯的右方是红色的报警指示灯，该灯亮闪烁时，说明有报警发生，CRT 上会显示报警的编号（可以查阅本书附录确定报警内容）。

4. 机床的通、断电

（1）机床的通电。首先在机床右侧的强电控制柜门被关紧的情况下顺时针旋转强电控制柜门上的总电源开关手柄以合上总电源开关，然后按动 NC 操作面板上绿色的“通”按钮，几秒钟后，CRT 显示屏上出现正常的操作画面后，通电操作便完成了。如果通电时急停按钮是被按下去的，屏幕上会显示报警内容，报警指示灯闪烁，提示现在机床处于急停状态。这时可以松开急停开关，进行操作。

（2）机床的断电。机床断电以前，应首先使机床的各部动作停止。如果需要停较长时间，还应先将工作台移到中间位置，以避免工作台变形。以上工作完成后，可以使机床断电，断电步骤如下：首先按动 NC 操作面板上红色的“断”按钮，然后逆时针方向旋转强电控制柜上的总电源开关手柄断开总电源。这样，机床断电的操作就完成了。

5. 程序的输入、编辑和存储

（1）新程序的注册。

向 NC 的程序存储器中加入一个新的程序号的操作称为程序注册，操作方法如下：

① 将方式选择开关置“程序编辑”位。

② 将程序保护钥匙开关置“解除”位。

③ 按【PRGRM】键。

④ 键入地址 O。

⑤ 输入程序号（数字）。

⑥ 按【INSRT】键。

（2）搜索并调出程序。

搜索并调出程序有两种方法。

方法一：

① 将方式选择开关置“程序编辑”或“自动运行”位。

② 将程序保护钥匙开关置“解除”位。

③ 键入地址 O。

④ 键入程序号（数字）。

⑤ 按向下光标键（标有【CURSOR】的键）。

⑥ 搜索完毕后，被搜索程序的程序号会出现在屏幕的右上角。

方法二：

① 将方式选择开关置“程序编辑”位。

② 按【PRGRM】键。

③ 键入地址 O。按向下光标键，所有注册的程序会依次被显示在屏幕上。

（3）插入一段程序。

该功能用于输入或编辑程序，方法如下：

① 用上面所述方法调出需要编辑或输入的程序。

② 使用翻页键（标有【PAGE】的↑、↓键）和上下光标键（标有【CURSOR】的↑、↓键）将光标移动到插入位置的前字符下。

③ 键入需要插入的内容。此时键入的内容会出现在屏幕下方，该位置被称为输入缓存区。

④ 按【INSRT】键，输入缓存区的内容被插入光标所在的词后面，光标则移动到被插入的字符下。

当输入内容在缓存区时，使用【CAN】键可以删除缓存区的内容，程序段结束符“;”使用【EOB】键输入。

（4）删除一段程序。

删除一段程序的方法如下：

① 利用上面所述方法调出需要编辑或输入的程序。

② 使用翻页键（标有【PAGE】的↑、↓键）和上下光标键（标有【CURSOR】的↑、↓键）将光标移动到需要删除的字符下。

③ 键入需要删除内容的最后一个词。

④ 按【DELETE】键，从光标所在位置开始到被键入的词为止的内容全部被删除。

不键入任何内容直接按【DELETE】键，将删除光标所在位置的内容。如果被键入的词在程序中不止一个，被删除的内容到距离光标最近的一个词为止。如果键入的是一个顺序号，则从当前光标所在位置开始到指定顺序号的程序段都被删除。若键入一个程序号后按【DELETE】键，指定程序号的程序将被删除。

（5）修改一个词。

修改一个词的方法如下：

① 利用上面所述方法调出需要编辑或输入的程序。

② 使用翻页键（标有【PAGE】的↑、↓键）和上下光标键（标有【CURSOR】的↑、

↓键）将光标移动到需要被修改的词下。

③ 键入替换该词的内容。

④ 按【ALTER】键，光标所在位置的词将被输入缓存区的内容替换。

（6）搜索一个词。

搜索一个词的方法如下：

① 将方式选择开关置“程序编辑”或“自动运行”位。

② 调出需要搜索的程序。

③ 键入需要搜索的词。

④ 按向下光标键（标有【CURSOR】的↓键）向后搜索或按向上光标键（标有【CURSOR】的↑键）向前搜索，遇到第一个与搜索内容完全相同的词后，停止搜索并使光标停在该词下方。

6. 参数设置

（1）工件坐标系设定。

按【OFFSET】键，进入工件坐标系显示页面（如果显示的不是工件坐标系，可以按相应的软键），使用翻页键（标有【PAGE】的↑、↓键），共可显示 6 个坐标系设置页面。用光标移动键指定要输入值的位置，键入对应的 *X*、*Y* 坐标以及 *Z* 坐标设定值，再按【INPUT】键，完成工件坐标系的设定。

（2）刀具补偿值的设定。

按【MENU OFFSET】键，显示刀具偏置页面（如果显示的不是刀具偏置页面，可以按相应的单键），使用翻页键（标有【PAGE】的↑、↓键）和上下光标键（标有【CURSOR】的↑、↓键）将光标移动到需要被修改或需要输入的刀具偏置号前面，根据编程指定的刀具键入刀具半径补偿值，再按【INPUT】键，完成刀具半径补偿值的设定。

若按【NO.】键后，键入刀具偏置号，再按【IUPUT】键可以直接将光标移动到指定的刀具偏置号前（注意【NO.】键和字符 L、Q、P 是复用的）。

（3）刀具表的显示。

本机床的刀具号（T 指令所指定刀号）与机床刀库的刀套号不是一一对应的，其对应关系用如下方法调出：

① 将方式选择开关置 MDI 位。

② 按【DGNOS PARAM】键，再按软件键诊断，显示屏上将显示 PMC 状态/参数页。

③ 按【NO.】键，然后键入 400 再按【INPUT】键，这时就可以看到 PMC 中的刀具表部分。其中地址 D400 代表主轴上的刀具号，D430 代表当前换刀位刀具号，D401 ~ D424 代表刀套中的刀具号。

7. 显示功能

（1）程序显示。

当前的程序号和顺序号始终被显示在显示屏的右上角，除了 MDI 以外的其他方式下，按【PRGRM】键都可以看到当前程序的显示。

在程序编辑方式下，按【PRGRM】键选择程序显示功能。这时按【LIB】软件键可以看到程序目录的显示，在程序目录显示的时候按程序软件键可以显示程序文本。

（2）当前位置显示。

位置的显示有三种方式，分别为绝对位置显示、相对位置显示和机床坐标系位置显示。

绝对位置显示给出了刀具在工件坐标系中的位置。相对位置指可以有操作复位为零，这样可以方便地建立一个观测用的坐标系。复位方法是：按 X、Y、Z 键，屏幕上相应的地址会闪烁，再按【CAN】键，闪烁的地址后面的坐标值就会变为零。机床坐标系位置显示给出了刀具在机床坐标系中的位置。

在有位置显示的页面下，按绝对软件键，将以大字显示绝对位置；按相对软件键，将以大字显示相对位置；按【ALL】软件键可以使三种位置方式同时在屏幕上以小字显示。在 MDI 或自动运行方式下，会看到屏幕上还有另外一种位置显示，该栏显示的是各轴的剩余运动量，即当前位置到指令位置的距离。

按【POS】键会使位置显示变为全屏幕方式。

(3) 报警显示。

NC 或 PMC 出现报警时，屏幕会自动切换到报警显示页面，并给出报警号，还会有英文报警内容。报警是向操作者提供警示信息、报告程序的错误或者机床的故障。本书附录中列出了所有 FANUC－OMD 数控系统机床可能给出的报警信息及含义。

7.1.2　加工中心的对刀方法

在数控铣床上针对每个程序，一般采用单刀加工，此时只需对单刀进行对刀，并通过对刀确定工件坐标系零点在机床坐标系中的位置（以采用 G54～G59 编程为例）。此时可以采用刀具长度补偿指令，也可以不采用刀具长度补偿指令。而在加工中心对刀时，由于是多刀加工（一个程序需用到几把刀），并且每把刀的长度都不一样，就必须用到长度补偿。用长度补偿来补偿每把刀长度的差值。

由于单刀加工的对刀方法已经在第 6 章 6.2 节（数控铣床操作）中介绍过了，因此本节只介绍加工中心多刀加工时的对刀方法及长度补偿值的设定方法。

1. 加工中心的 Z 向对刀

加工中心的 Z 向对刀一般有以下三种方法：

(1) 机上对刀方法一。

这种对刀方法是通过对刀依次确定每把刀具与工件在机床坐标系中的相互位置关系。其具体操作步骤如下（如图 7—3 所示）。

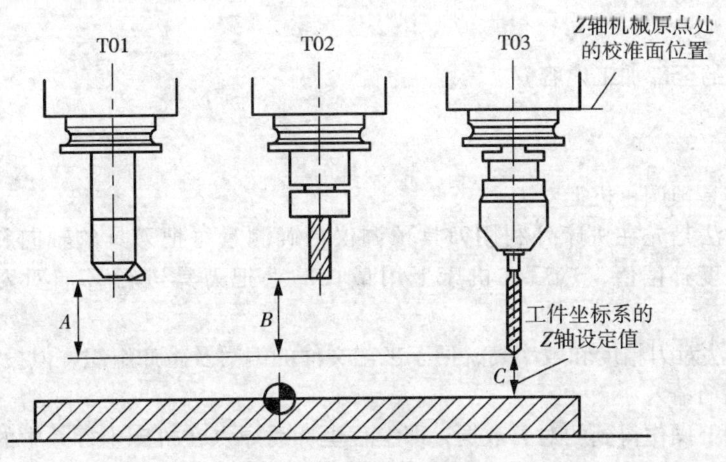

图 7—3　机上对刀方法一

① 把刀具长度进行比较，找出最长的刀作为基准刀，进行 Z 向对刀，并把此时的对刀值（C）作为工件坐标系的 Z 值，此时 H03 = 0。

② 把 T01、T02 号刀具依次装在主轴，通过对刀确定 A、B 的值作为长度补偿值。

③ 把确定的长度补偿值填入设定页面，正、负号由程序中的 G43、G44 来确定，当采用 G43 时，长度补偿为负值。

这种对刀方法的对刀效率和精度较高，投资少，但工艺文件编写不便，对生产组织有一定影响。

（2）机上对刀方法二。

这种对刀方法的具体操作步骤如下（见图 7—4）：

① XY 方向找正设定如前，将 G54 中的 XY 项输入偏置值，Z 项置零，

② 将用于加工的 $T1$ 换上主轴，用块规找正 Z 向，松紧合适后读取机床坐标系 Z 项值 $Z1$，扣除块规高度后，填入长度补偿值 $H1$ 中。

③ 将 $T2$ 装上主轴，用块规找正，读取 $Z2$，扣除块规高度后填入 $H2$ 中。

④ 以此类推，将所有刀具 Ti 用块规找正，将 Zi 扣除块规高度后填入 Hi 中。

⑤ 编程时，采用如下方法补偿：

```
T1;
G91 G30 Z0;
M06;
G43 H1;
G90 G54 G00 X0 Y0;
Z100;
…（以下为一号刀具的走刀加工，直至结束）
T2;
G91 G30 Z0;
M06;
G43 H2;
G90 G54 G00 X0 Y0;
Z100;
…（二号刀的全部加工内容）
…M5;
M30;
```

（3）机外刀具预调 + 机上对刀。

这种对刀方法是先在机床外利用刀具预调仪精确测量每把刀具的轴向和径向尺寸，确定每把刀具的长度补偿值，然后在机床上用最长的一把刀具进行 Z 向对刀，确定工件坐标系。

这种对刀方法对刀精度和效率高，便于工艺文件的编写及生产组织，但投资较大。

2. 对刀数据的输入

（1）根据以上操作得到的对刀数据，即编程坐标系原点在机床坐标系中的 X、Y、Z 值要用手动方式输入到 G54 ～ G59 中存储起来。操作步骤如下：

① 按【MENU OFFSET】键。

② 按光标移动键到工件坐标系 G54～G59。

③ 按【X】键输入 X 坐标值。

④ 按【INPUT】键。

⑤ 按【Y】键输入 Y 坐标值。

⑥ 按【INPUT】键。

⑦ 按【Z】键输入 Z 坐标值。

⑧ 按【INPUT】键。

（2）刀具补偿值一般采用 MDI（手动数据输入）方式在程序调试前输入机床中。一般操作步骤如下：

① 按【MENU OFFSET】键。

② 按光标移动键到补偿号。

③ 输入补偿值。

④ 按【INPUT】键。

7.2　加工中心加工实例

本节以两个零件的实际加工为例，说明在加工中心上“零件图分析→工艺分析→编程→校验→对刀加工”的整个过程。

7.2.1　壳体内型腔的加工实例

1. 零件图分析

壳体零件如图 7—4 所示，其材料为铸铁（HT200），在数控加工工序之前已加工好底面和 $\phi80^{+0.054}_{0}$ 孔，要求在加工中心上铣削上表面、$10^{+0.10}_{0}$ 槽和加工 4×M10 孔。为其编制数控加工程序。

2. 工艺分析

（1）定位基准分析。本工序所加工表面的设计基准是底面和 $\phi80^{+0.054}_{0}$ 的孔，根据准合原则，以底面限制三个自由度，$\phi80^{+0.054}_{0}$ 孔限制两个自由度，在零件的侧面限制一个绕转动的自由度，实现完全定位。

（2）夹紧方案的确定。用芯轴及工作台表面，对零件的底面及 $\phi80^{+0.054}_{0}$ 孔进行定位，采用螺钉及压板装夹，压板压在 $\phi80^{+0.054}_{0}$ 孔的上端面，夹紧力的方向对着底面，旋紧螺母将工件夹紧。注意螺钉及螺母的高度不要超过工件的上表面，否则切削加工时，易发生碰撞的危险。

（3）工步顺序的安排。根据先面后孔的原则，本工序中的工步顺序安排为：①铣平面；②钻 4×M10 的中心孔；③钻螺纹底孔 4×ϕ8.5 及铣槽的落刀孔；④攻螺纹 4×M10；⑤铣槽尺寸为 $10^{+0.10}_{0}$。

（4）确定工艺参数。具体工艺参数可参照表 7—2 和表 7—3。

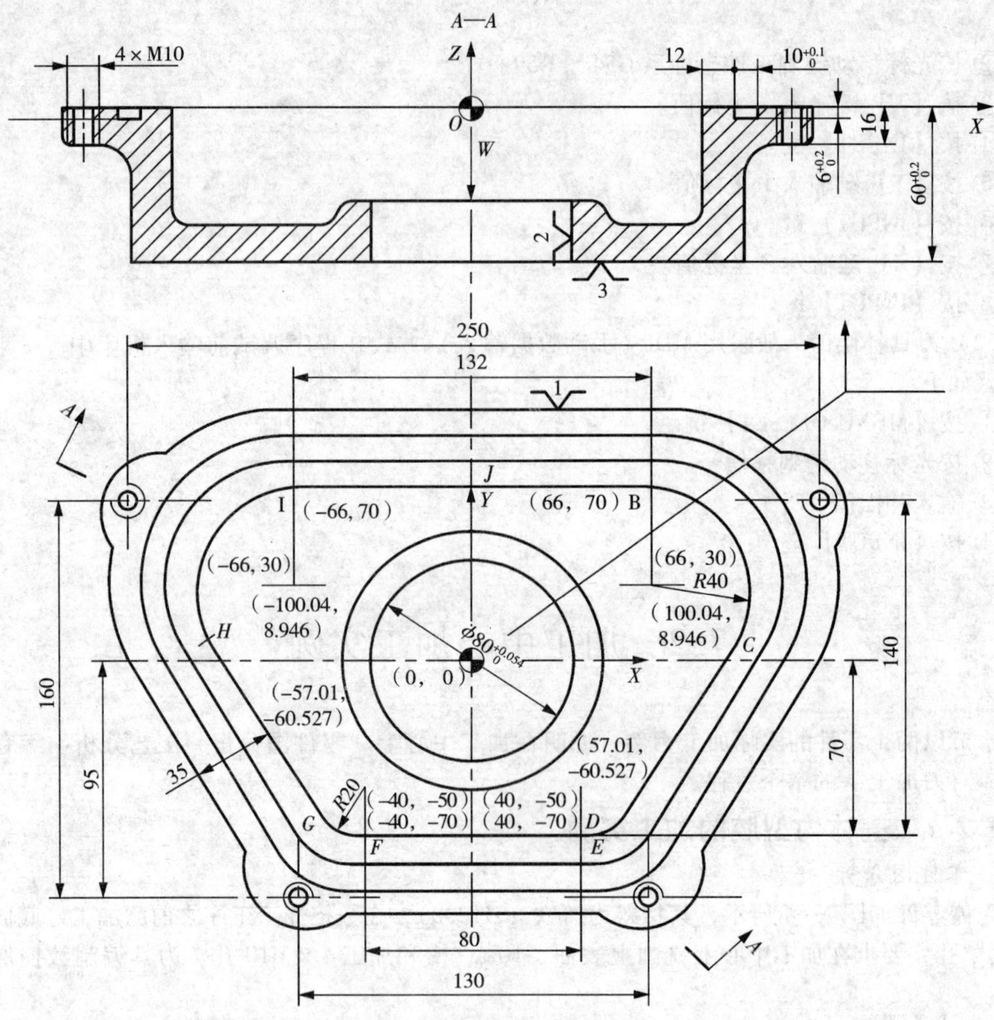

图 7—4　亮体零件

表 7—2　　**数控加工工序卡片**

工厂名	数控加工工序卡片	产品名称及代号	零件名称	零件图号	材料
			壳体		HT200

工序	程序编号	夹具名称	夹具编号	使用设备	车间
30	O0011			加工中心	

工步号	工步内容	刀具 T码	刀具 规格	辅具	切削用量 主轴转速 /(r/min)	切削用量 进给速度 /(mm/min)	切削用量 切削深度 /mm
1	铣平面	T01	面铣刀 $\phi50$	BT40	300	60	2
2	钻 4 × M10 的中心孔	T02	中心钻 $\phi3$	BT40	1 000	60	
3	钻螺纹底孔 4 × $\phi8.5$ 钻铣槽落刀孔	T03	麻花钻 $\phi8.5$	BT40	500	50	
4	螺纹孔口倒角	T04	麻花钻 $\phi18$	BT40	500	50	
5	攻螺纹 4 × M10	T05	丝锥 M10	BT40	60	50	
6	铣尺寸为 $10^{+0.10}_{0}$ 槽	T06	键槽铣刀 $\phi10$	BT40	300	50	

表 7—3　　　　　　　　　　　　数控加工刀具卡片

产品型号		零件号	N530—05	程序编号	O0507	制表	
工步号	T 码	刀具型号	刀柄型号	刀具		补偿地址	备注
				直径/mm	长度		
1	T01	面铣刀 $\phi50$	BT40	$\phi60$	实测	H01	长度补偿
						D11	半径补偿
2	T02	中心钻 $\phi3$	BT40	$\phi3$	实测	H02	长度补偿
3	T03	麻花钻 $\phi8.5$	BT40	$\phi8.5$	实测	H03	长度补偿
4	T04	麻花钻 $\phi18$	BT40	$\phi18$	实测	H04	长度补偿
5	T05	丝锥 M10	BT40	M10	实测	H05	长度补偿
6	T06	立铣刀 $\phi10$	BT40	$\phi10$	实测	H06	长度补偿
						D16	

3. 确定加工原点

选工件的设计基准为编程原点，$\phi80^{+0.054}_{0}$ mm 孔轴线与工件上表面交点为编程原点。

4. *数据查询*

查询基点坐标：环形槽的内腔轮廓线为编程轨迹，需要查询轨迹的基点坐标，在任意一种 CAD 软件中画出零件图。经查询各基点坐标为：J（0，70），B（66，70），C（100.04，8.946），D（57.01，-60.527），E（40，-70），G（-57.01，-60.527），H（-100.04，8.946），I（-66，70）。

查询螺纹孔的圆心坐标分别为：（66，30），（40，-50），（-40，-50），（-66，30）。

5. *编写加工程序*

程序：	解释：
O0011；	第 11 号程序（主程序）
G54 G90 G17 G40 G49 G80；	使用 G54 坐标系，绝对坐标编程，取消刀补和固定循环，选择 *Y* 面，防止内存中的模态对本程序的影响
T01 M06；	换 T01 号刀
G90 G00 X0 Y150；	位置在安全面以上，快速点定位到工件外
G43 Z10 H01 S300 M03；	刀具长度补偿，*Z* 向快速到下刀点；主轴以 300 r\min 转
G01 Z0 F60；	*Z* 轴下刀，直线插补至工件上表面，进给速度 60 mm\min
G01 G41 Y70 D11；	刀具半径左补偿（半径补偿值 D11），直线插补切入工件
M98 P0010；	调子程序 O0010，铣削工件上表面
G00 Z20；	*Z* 轴快速到安全高度
G40 G49 Z200	取消刀具半径与长度补偿
T02 M06：	换 T02 刀具
G00 X-65 Y-95；	快速点定位到 1 孔上方
G43 Z20 H02 S1000 M03；	刀具长度补偿，到安全高度；主轴以 1 000 r/min 正转
G99 G81 Z-2 R2 F60；	钻孔循环，钻 4×M10 的中心孔，钻第 1 孔， 返回到 *R* 面，进给速度 60 mm/min
M98 P0020；	调 O0020 子程序，钻其余三孔

G80220;	取消循环，到安全高度
G49 Z200;	取消刀具长度补偿
T03 M06;	换 T03 刀具
G00 G43 Z20 H03 S500 M03;	刀具长度补偿，到安全高度；主轴以 500 r/min 正转
X-65 Y-95;	快速点定位到 1 孔上方
G99 G81 Z-23 R2 F50;	钻孔循环，钻 4×M10 底孔，钻第 1 孔，返回到 *R* 面度 60 mm/min
M98 P0020;	调 O0020 子程序，钻其余三孔
X-20 Y87 Z-6;	钻铣槽落刀孔
G80 G49 Z20;	取消循环，取消刀具长度补偿，到安全高度
T04 M06;	换 T04 刀
G00 G43 Z20 H04 S500 M03;	刀具长度补偿，到安全高度；主轴以 500 r/min 正转
X-65 Y-95;	快速点定位到 1 孔上方
G82 Z-2 R2 P1 F50	钻孔循环；倒角，倒第 1 孔，返回到 *R* 面
M98 P0020;	倒其余三孔角
G80 G49 Z20;	取消循环，取消刀具长度补偿，到安全高度
T05 M06;	换 T05 刀具
G43 H05 Z20 S60 M03;	刀具长度补偿，到安全高度；主轴以 60 r/min 正转
X-65 Y-95;	快速点定位到 1 孔上方
G84 Z-25 R5 F50;	攻螺纹循环，攻 4×M10，返回到 *R* 面
M98 P0020;	调 O0020 子程序，加工其余三个螺纹孔
G80 G49 Z20;	取消循环，取消刀具长度补偿，到安全高度
T06 M06;	换 T06 刀具
G00 X-20 Y150;	刀具 *Z* 轴位置在安全面以上，快速点定位到工件外
G43 Z5 H06 S300 M03;	刀具长度补偿，*Z* 向快速到下刀点；主轴正转
G41 Y70 D16;	建立刀具半径左补偿，补偿值在 D16 中（D16≈17）
G01 Z-6 F30;	刀具在 *J* 点直线插补切入工件，进给速度 30 mm/min
G01 X0;	刀具运动到 X0
M98 P0010;	调子程序 O0010，铣削尺寸为 100+0.1 的槽
G00 Z20;	*Z* 轴快速到安全高度
G49 G40 Z200;	取消刀具半径与长度补偿
X0 Y0;	返回程序原点
M30;	程序结束
O0010;	第 10 号程序（内腔轮廓轨迹子程序）
X66 Y70;	直线插补 *JB*
G02 X100.04 Y8.964 I0 J-40;	顺圆插补 *BC*
G01 X57.01 Y-60.527;	直线插补 *CD*
G02 X40 Y-70 I-17.01 J10.527;	顺圆插补 *DE*
G01 X-40;	直线插补 *EF*

```
G02 X-57.01 Y-60.527 I0 J20;          顺圆插补 FG
G01 X-100.04 Y8.946;                  直线插补 GH
G02 X-66 Y70 I34.04 J21.054;          顺圆插补 HJ
G01 X0;                               直线插补 IJ
M99;                                  子程序结束，返回主程序 O0700

O0020;                                第 20 号程序（螺纹孔位置子程序）
X65;                                  2 孔位置
X125 Y65;                             3 孔位置
X-125;                                4 孔位置
M99;                                  子程序结束，返回主程序 O0001
```

6. 程序校验

填写程序单和输入程序后，必须对程序的内容进行检查、校验，具体方法为：首先检查功能指令代码是否多、错、漏，其次检查刀具半径、长度补偿地址号，再验算数据是否计算有误，正负号等是否正确，然后可以用图形模拟显示来检验程序的路径是否正确。

7. 试切削加工

试切削前不仅需要输入程序，还要进行下列工作：

（1）安装刀具、刀柄。按刀具补偿值表（表 7—3）中的规定，将所需的各种刀具装于各自的刀柄中，然后装在相应的刀位上。

（2）装夹具、毛坯及有关对刀调整工作。在加工中心工作台安装夹具后如果对刀点设在夹具上，即可进行对刀工作；如果对刀点设在零件毛坯上，则需将零件装上，再进行对刀。现工件坐标原点与对刀点重合，并设置在工件上。此时，在钻夹头刀柄上夹上带有千分表的表杆，并装在主轴上。手动移动工作台使千分表的触点与工件已加工内孔圆周表面相接触，回转主轴进行调整，使主轴中心线与内孔中心线相重合，并记录下此时机床的 X、Y 坐标值。Z 向对刀使用前述机上对刀方法一，找出最长的刀作为基准刀，进行 Z 向对刀，并把此时的对刀值作为工件坐标系的 Z 值，此把刀的长度补偿值为 0。把其余刀具依次装在主轴上，通过对刀确定每把刀相对于基准刀长度的差值作为长度补偿值。若编程时使用 G43，则长度补偿值应为负值：最后设定对刀值、长度补偿值以及半径补偿值。

（3）加工零件的试切削。当刀具、夹具、毛坯程序等一切都准备就绪后可进行工件试切削工作。首先将机床锁住，空运行程序，检查程序中可能出现的错误。其次，可利用机床 Z 轴锁住的功能，检查刀具在 X、Y 平面内走刀轨迹的情况以便发现走刀轨迹的错误。一般试切工件时，多采用单段运行，并 G00 快速移动速度调慢，以便发生程序错误时引起碰撞事故而紧急停车。在试切工件进行中，同时观察屏幕上显示的程序、坐标位置、图形显示等，以便确认各程序段的正确性。

首件试切完毕后，应对其进行全面的检测，必要时进行适当的修改或调整机床，直到加工件全部合格后，程序编制工作才算结束，并且应将已经验证的程序及有关资料进行妥善保存，便于以后的查询和总结。

7.2.2 五边形凸台加工实例

1. 零件图分析

如图 7—5 所示凸台零件图，毛坯是经过预先铣削加工过的规则合金铝材，尺寸为

96 mm×96 mm×50 mm。按图样要求加工 90×90 见方、五边形、4×ϕ10 孔、ϕ400 孔。

2. 工艺分析

（1）装夹方案的确定。本例中的毛坯很规则，采用平口钳装夹即可。

（2）刀具选择及预调对刀。在本例中选择了四种刀具：ϕ3 mm 中心钻用于打定位孔；ϕ10 mm钻头用于加工孔；其余加工采用立铣刀，考虑到排屑情况粗加工采用双刃铣刀，精加工采用4 刃铣刀，并且经预调对刀完毕。刀具测定值及补偿设定值如表 7—4 所列；四边形、五边形及圆形加工如图 7—6 所示。

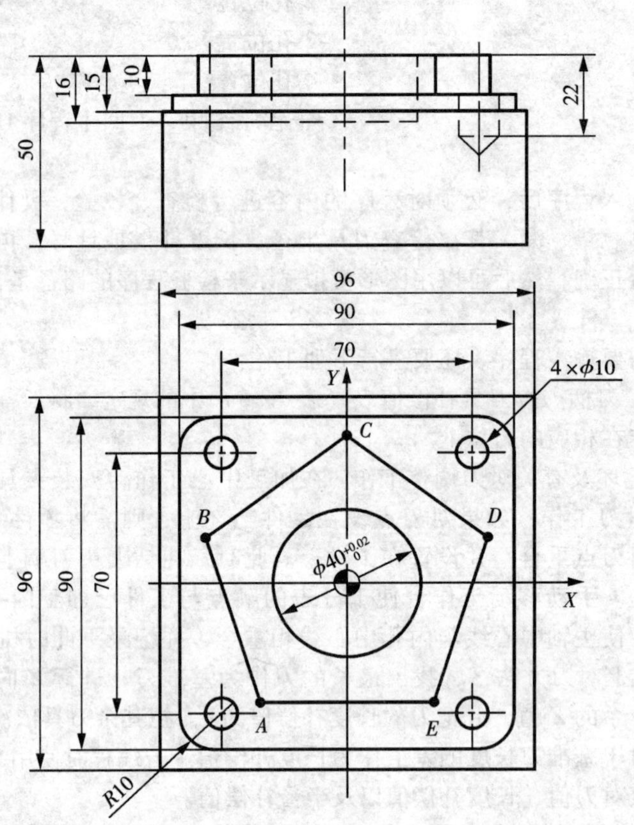

图 7—5 凸台零件

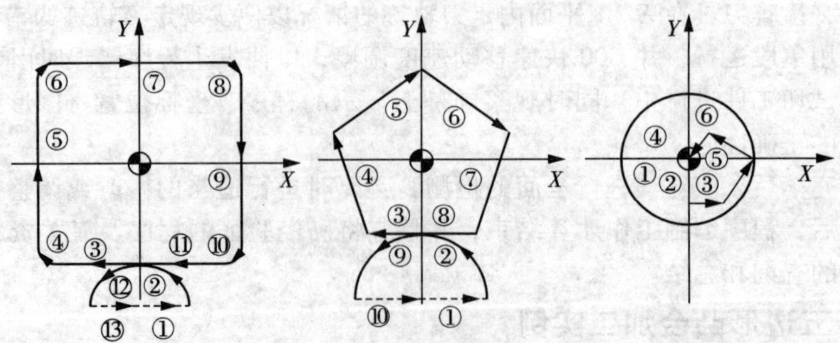

（a）四边形外轮廓加工路线 （b）五边形外轮廓加工路线 （c）圆形内轮廓路线

图 7—6 加工路线

表 7—4 中对同一刀具采用了不同的刀径补偿值是为了逐步切除加工余量，是加工中心常采用的一种切削方法。对于钻头类刀具，不需要测定直径方向的值但要注意两切消刃是否对称等问题。将表 7—4 中的数值输入控制装置内存的刀补表（OFFSET）中，以备切削加工时使用。测量完毕的刀具就可以装在刀库上，安装时注意把刀具装到刀库的对应位置上，具体对应关系可查阅刀具诊断地址表。

表 7—4　　刀具补偿值

刀具号码	刀具名称	刀长测定值/mm	刀径测定值/mm	刀长补偿码	刀长补偿值/mm	刀径补偿码	刀径补偿值/mm
T01	ϕ20 二刃铣刀	145.85	ϕ20.005	H01	145.85	D11	10.002
						D12	22.0
T02	ϕ16 四刃铣刀	170.51	ϕ16.036	H02	170.51	D21	8.018
						D22	8.038
T03	ϕ3 中心钻	150.15		H03	150.15		
T04	ϕ10 钻头	240.55		H04	240.55		

3. 确定加工坐标原点

加工坐标原点定为零件中心上表面。

4. 数据查询

利用 CAD 软件查询基点坐标可知，各基点坐标分别为：A（-23.512，-31.944）、B（-37.82，12.36）、C（0，40）、D（37.82.12.36）、E（23.512，-31.944）。

5. 编写加工程序

程序	解释
O0018;	第 18 号程序
T01;	
M98 P8999;	调 O8999 号子程序（交换刀具子程序）
G00 G17;	粗加工
M03 S796 H01 T02;	
M98 P8998;	调 O8998 号子程序（刀具接近加工子程序）
Y-60.0;	
Z5.0;	
G01 Z-14.8 F200;	
D11 F318;	
M98 P2001;	调 O2001 号子程序（加工四边形子程序）
Z-9.8;	
D12;	
M98 P2002;	调 O2002 号子程序（加工五边形子程序）
Z10.0;	
X0 Y0;	
G01 Z-15.8 F200;	加工圆
X9.8 F318;	

```
G03 I-9.8;
G01 X0;
G00 Z100.0;
M98 P8999;               调 O8999 号子程序（交换刀具）
M03 S1194 H02 T03;       精加工
M98 P8998;
Y-60.0;
Z5.0;
G01 Z-15.0 F200;
D21 F239;
M98 P2001;               调 O2001 号子程序（加工四边形子程序）
Z-9.9;
D22;
M98 P2002;               调 O2002 号子程序（加工五边形子程序）
Z10.0;
X0 Y0;
G01 Z-15.9 F200;
D22;
M98 P2003;
Z16.0;
D21;
M98 P2003;               调 O2003 号子程序（加工圆形子程序）
G00 Z100.0;
M98 P8999;
M03 S3135 H03 T04;       中心孔加工
M98 P8998;
G90 G98 G81 X-35.0 Z-18.0 R-5.0 F200;
Y35.0;
X35.0;
Y-35.0;
G80 X0 Y0;
M98 P8999;
M03 S1659 H04 T99;       孔加工
M98 P8999;
G90 G98 G73 X-35.0 Y-35.0 Z-25.0 R-5.0 Q5.0 F200;
Y35.0;
X35.0;
Y-35.0;
G00 G80 X0 Y0;
M30;                     程序结束
```

```
O2001;                    四边形子程序，加工路线如图 7—6（a）所示
G90 G00 G41 X15.0;
G03 X0 Y-45.0 R15.0;
G01 X-35.0;
G02 X-45.0 Y-35.0 R10.0;
G01 Y35.0;
G02 X-35.0 Y45.0 R10.0;
G01 X35.0;
G02 X45.0 Y35.0 R10.0;
G01 Y-35;
G02 X35 Y-45 R10.0;
G01 X0;
G03 X-15.0 Y-60.0 R15.0;
G00 G40 X0;
M99;

O2002;                    五边形子程序，加工路线如图 7—6（b）所示
G90 G00 G41 X28.056;
G03 X0 Y-31.944 R28.056;
G01 X-23.512;
X-37.82 Y12.36;
X0 Y40;
X37.82 Y12.36;
X23.512 Y31.944;
X0;
G03 X-28.056 Y-60.0 R28.056;
G00 G40 X0;
M99;

O2003;                    圆形子程序，加工路线如图 7-6（c）所示
G90 G01 G41 X9.0 Y-10.0 F239;
X10.0;
G03 X20 Y0 R10;
I-20;
X10.0 Y10.0 R10.0;
G01 G40 X0 Y0;
M99;

O8998;                    刀具接近加工子程序
G90 G54 X0 Y0;
```

```
G43 Z100.0 M08;
M99;

O8999;                     交换刀具子程序
M09;
G91 G30 Z0 M05;
G49 M06;
M99;                       返回主程序
```

6. 程序校验

把程序输入机床，并进行程序校验，以检查程序的正确性，若有错误改正之。

7. 对刀

由于刀具的长度及刀具的半径已在刀具预调仪上测出，对刀时应用前述对刀方法之三（机外刀具预调+机上对刀）对刀，即在机床上用最长的一把刀具进行 Z 向对刀，确定工件坐标系的 Z 值。

注意：工件坐标系的 Z 值=对刀时机床坐标系的显示值－刀具长度值。

其余各刀的长度补偿值及半径补偿值，直接填入补偿的设定页面即可。

8. 切削加工

实际加工工件时，应根据实测后的工件尺寸，对加工程序及刀具补偿值进行适当的修改。

思考题

1. 多把刀具的对刀操作如何进行？
2. MDI 工作方式的操作步骤如何？
3. 简述自动换刀装置的操作。
4. 急停按钮有何作用？如何解除急停状态？

第 8 章　数控铣床与加工中心辅助设备

8.1　加工中心的刀具系统

刀具系统是数控加工中工具系统下的子系统，是指从机床主轴孔连接的刀具柄部开始至切削刃部为止的，与切削有关的硬件总成。加工中心能否高效运行，在某种意义决定于加工中心的刀具系统配备是否完备。一般情况下，刀具系统的投资往往接近于加工中心的投资。选择刀具系统的内容是：根据工艺要求选择适当的刀具类型；根据刀具类型与使用机床的规格与性能决定刀具系统的组合与配置；根据被切削材料的材质、切削条件、加工要求等选用适宜的刃部。数控加工中所用的刀具，除满足一般的切削原理、切削性能、刀具结构等方面的要求之外，还应满足耐用度好、断屑与排屑可靠等要求。

加工中心所用的切削工具由两部分组成，即刀具和供自动换刀装置夹持的刀柄及拉钉，如图 8—1。

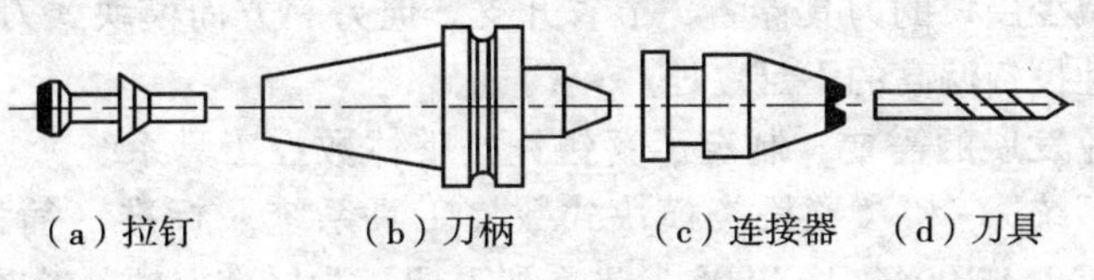

（a）拉钉　（b）刀柄　（c）连接器　（d）刀具

图 8—1　刀具的组成

8.1.1　刀柄

在加工中心上一般采用 7∶24 锥柄，这种锥柄不能自锁，换刀比较方便，而且有好的定心精度和刚性。刀柄和拉钉已经标准化，各部尺寸见图 8—2 和表 8—1、表 8—2。

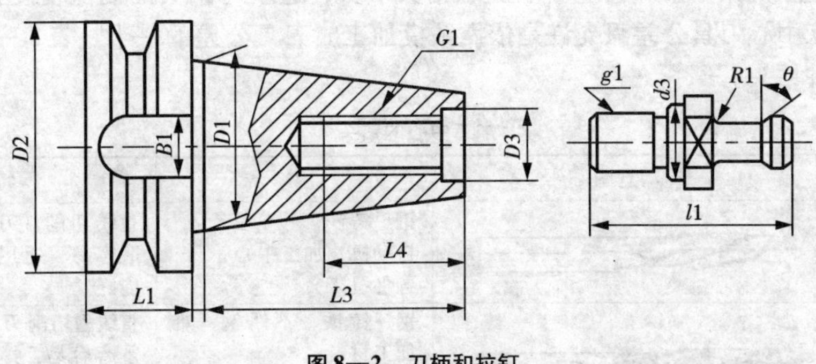

图 8—2　刀柄和拉钉

表 8—1　刀柄尺寸　mm

刀柄	D1	D2	L1	L2（±0.4）	L3（±0.2）	L4	D3	G1	B1（H12）
40T	ϕ44.45	ϕ63.0	25.0	2.0	65.4	30.0	ϕ17.0	M16	16.1
50T	ϕ69.85	ϕ100.0	35.0	3.0	101.8	45.0	ϕ25.0	M24	25.7

表 8—2　拉钉尺寸　mm

拉钉	l1	g1	d3	R1	θ	
					形式 1	形式 2
40P	60.0	M16	17.0	3.0	45°	30°
50P	85.0	M24	25.0	5.0	45°	30°

8.1.2　刀具系统

金属切削刀具系统按其结构可分为整体式与模块式两种。整体式刀具系统基本上由整体柄部和整体刃部（整体式刀具）两者组成，传统的钻头、铣刀、铰刀等就属于整体式刀具。整体式刀具由于不同品种和规格的刃部都必须与对应的柄部相连接，致使刀具的品种、规格繁多，给生产、使用和管理带来诸多不便，有些使用频率极低但又需使用的刀具也不得不备置，这相当于闲置大量资金。为了克服整体式刀具系统的这些弱点，一些国家相继开发了各式各样的高性能模块式刀具系统。模块式刀具系统是把整体式刀具系统按功能进行分割，做成系列化的标准模块（如刀柄、刀杆、接长杆、接长套、刀夹、刀体、刀头、刀刃等），再根据需要快速地组装成不同用途的刀具，当某些模块损坏时可部分更换。这样既便于批量制造，降低成本，也便于减少用户的刀具储备，节省开支。但另一方面模块式刀具系统也有刚性不如整体式好、一次性投资偏高的不足之处。

我国为满足工业发展的需要，制定了《镗铣类整体数控工具系统》标准（按汉语拼音，简称为“TSG 工具系统”）和《镗铣类模块式数控工具系统》标准（简称为“TMG 工具系统”），它们都采用 GB/T 10944.2—2006（JT 系列刀柄）为标准刀柄。考虑到事实上使用日本的 MAS/BT403 刀柄的机床目前在我国数量较多，TSG 及 TMG 也将 BT 系列作为非标准刀柄首位推荐，也即 TSG、TMG 系统也可按 BT 系列刀柄制作。TSG 工具系统系列如图 8—3 所示。

在传统加工中，当钻头钻入工件表面时，通常是通过钻套定位和导向的，在钻入工件后，这种导向作用还保持着，由此减小孔的位置精度误差。而在加工中心上不能使用钻套等辅助装置，孔位精度除机床因素外，主要取决于钻头本身，这就对钻头的制造精度提出了较高的要求。通常加工中心刀具公差只允许是依靠钻模加工时刀具公差的一半。表 8—3 以三菱工具为例介绍了几种钻头。

表 8—3　加工中心的钻头

型号直径	示意图	用途	特点
MZE ϕ2.8～ϕ20		钢、铸铁； 自动机、加工中心 各种机床	直线切削，刀尖强度高、重磨容易、通用性好、排屑性能好
MZS ϕ5～ϕ16		钢、铸铁、不锈钢、难加工材料； 自动机、加工中心、各种机床	直线型切削刃，刀尖强度高、重磨容易，撑屑槽采用宽深槽、内部冷却式、寿命长、效率高

续前表

型号直径	示意图	用途	特点
新顶尖钻 $\phi8 \sim \phi40$		钢、铸铁； 加工中心、数控车床、通用铣床等	无横刃，加工精度是高速钢钻头的 5 倍以上，可以高效率加工，重磨容易
高速钻 $\phi16 \sim \phi70$		钢、铸铁； 加工中心、数控车床、通用铣床等	使用范围广，从一般进给到大进给，碳钢、合金钢能大进给加工
加工中心用枪钻 $\phi6 \sim \phi20$		铸铁、轻合金钢专用	用加工中心进行深孔加工可以无导套加工深孔，最大长径比 $L/D=20$

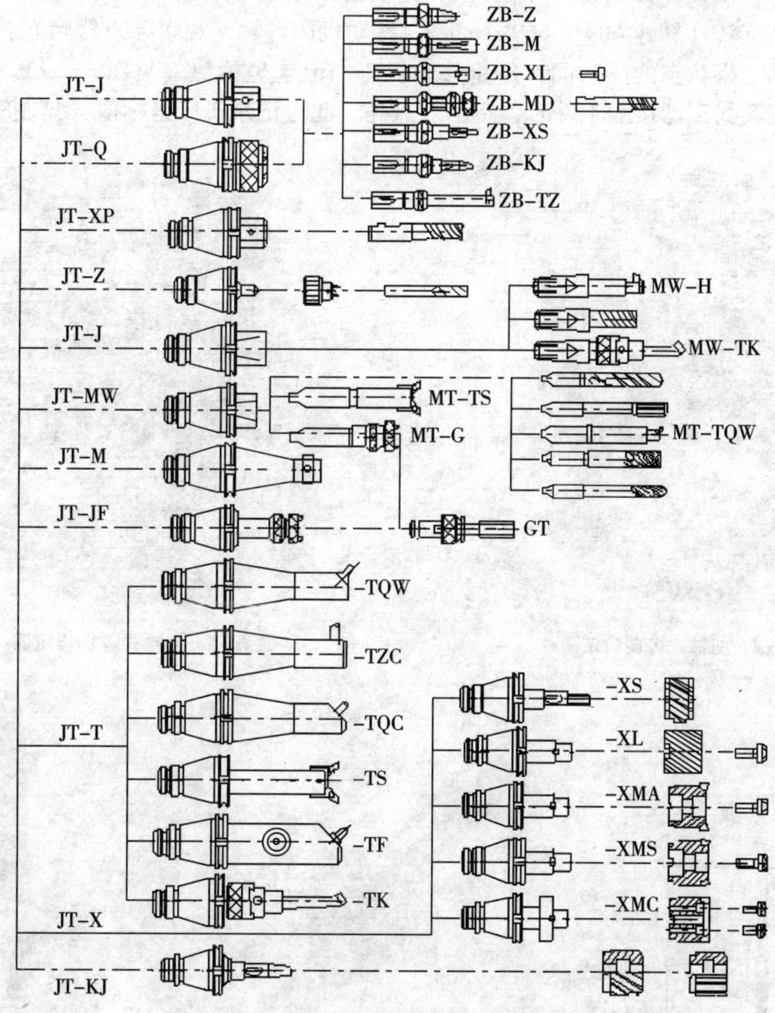

图 8—3　TSG 工具系统系列

8.2 辅助工具

8.2.1 Z 向设定器

Z 向设定器用于对刀时测定 Z 向的刀具与工件的相对位置关系。它分为机械式（如图 8—4所示）和光电式（如图 8—5 所示）。机械式使用时观察表针的读数，以确定刀具和工件的位置关系。光电式使用时观察指示灯是否发亮，若发亮则说明刀具与工件的相对位置关系已确定。设定器的使用方法如图 8—6 所示。

8.2.2 寻边器

寻边器用于确定工件坐标系（X、Y 向）在机床坐标系下的位置，即确定工件坐标系原点的位置。它分为机械式（如图 8—7 所示）和光电式（如图 8—8 所示）两种。机械式寻边器使用时应使主轴旋转（转速 600～660 r/min），移动机床各轴，观察寻边器状态，当寻边器位从中间状态跳到结果状态的一瞬间，停止移动机床，记录坐标值（见图 8—9）。光电式寻边器内置电池，当其找正球接触工件时，指示灯点亮，此时记录机床坐标值（见图8—10）。

图 8—4　机械式 Z 向设定器

图 8—5　光电式 Z 向设定器

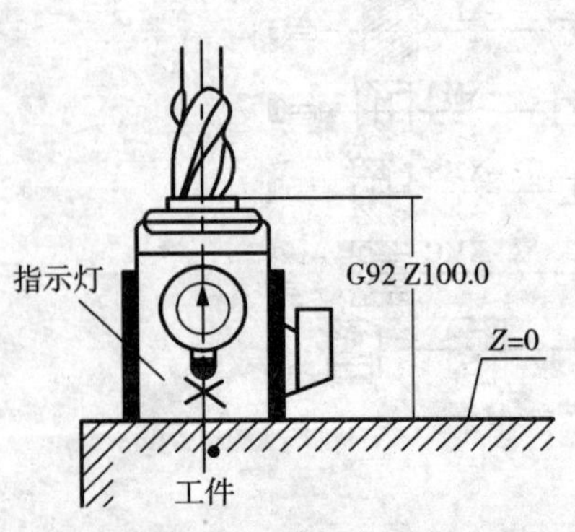

图 8—6　Z 向设定器的使用方法

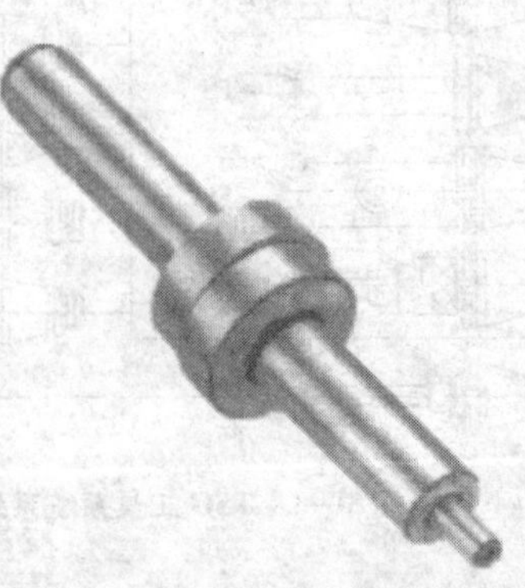

图 8—7　机械式寻边器

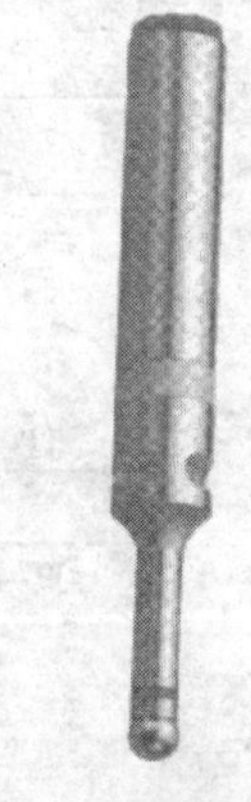

图 8—8　光电式寻边器

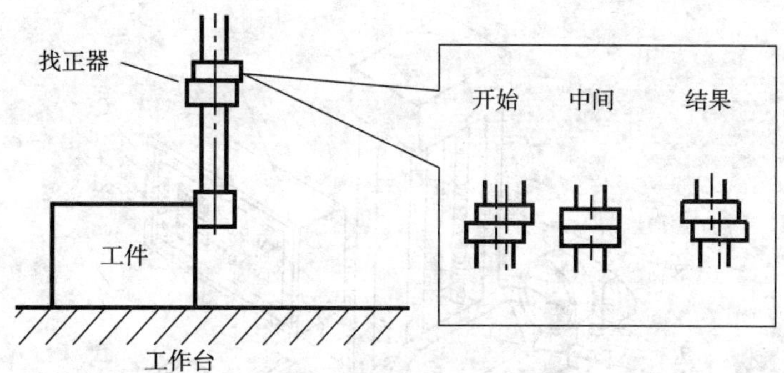

图 8—9　机械式寻边器的使用方法

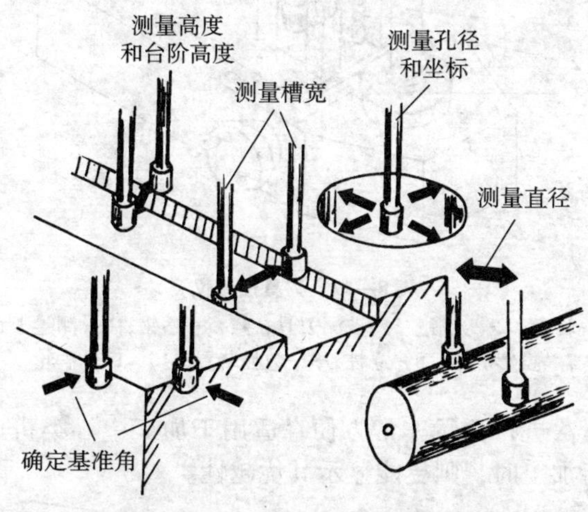

图 8—10　光电式寻边器的使用方法

8.2.3　刀具预调仪

刀具预调仪在机床外部对刀具的长度、直径进行测量，测量时不占用数控设备。

在数控机床上加工复杂形状的零件时，往往使用较多的刀具。为了实现自动换刀，迅速装刀和卸刀，以缩短辅助时间，同时也为了使刀具的实际尺寸输入数控系统实现刀具补偿，提高加工精度，一般要使用预调仪（对刀仪），测出刀具的实际尺寸或与名义尺寸的偏差。图 8—11 所示为一种光学数显预调仪。被测刀具 3 可插入转盘 1 的锥度孔中，转动手轮 10，可将立柱 8 左右移动，通过 X 光栅尺发信号，测量刀具半径 X 尺寸。测量架 6 可用电动快速和手动微调上下移动，通过 Z 轴光栅尺发信号，测量出刀具长度 Z 尺寸。

刀尖的正确位置是从光源 2 发出光束，通过透镜 4 和透镜 5，经棱镜将刀尖投影在屏幕 7 上。测量时，可左右移动立柱 8，上下移动测量架 6，使刀尖位于投影屏幕 7 中十字线相切处。通过手轮 11，可转动转盘 1，使刀尖位于 X 方向最大位置。刀尖对准十字线后可按“Cx”（置数）键，数显装置 9 即显示出刀具半径尺寸。再按“Cz”键，即显示出刀具长度尺寸。

开机时，为了校验预调仪的位置精度，应先将基准刀杆插入转盘 1 中，用上述方法，使钢珠 a 的最高处与屏幕 7 中 X 向相切，测量 Z 轴尺寸。再用相同的方法，测出 b 点尺寸（刀具半径）。基准刀杆尺寸由预调仪的说明书提供。如果在测量基准刀杆长度和半径时，按“d”键，则数显装置为“清零”。在这种情况下，其他被测刀具的尺寸为基准刀杆的差值。

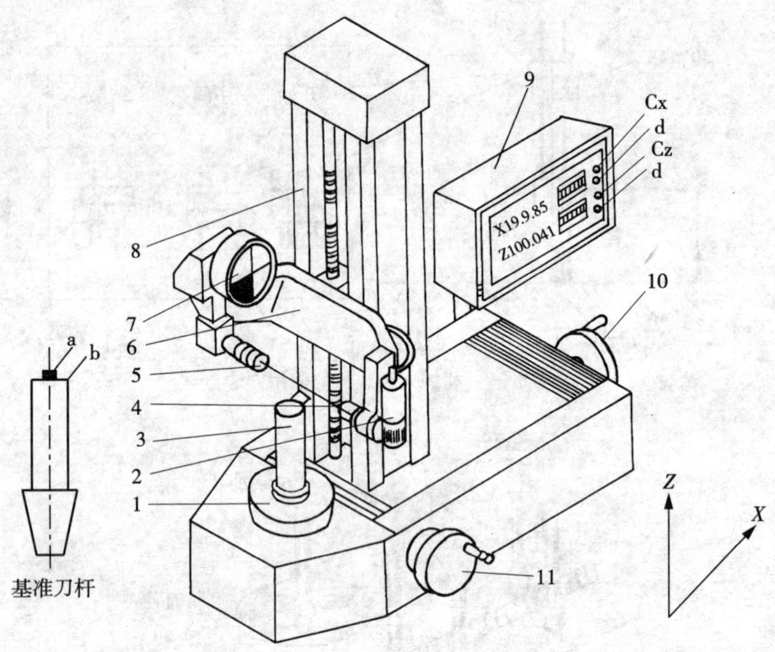

图 8—11　刀具预测仪

1—转盘；2—光源；3—被测刀具；4、5—透镜；6—测量架；
7—投影屏幕；8—立柱；9—数显装置；10、11—手轮

使用刀具预调仪测量法进行测量非常方便，适用于加工中心类机床，当工件在一次装夹中要使用十几把刀具进行加工时，则更能显示其优越性。

8.2.4　辅助轴

在三坐标加工中心上，加工零件的复杂程度是受到限制的，而且有些表面即使能加工，精度也不高。因为三坐标机床加工时容易产生干涉现象。此时的解决方法是购置四坐标或五坐标加工中心，或者对三坐标加工中心进行扩充，添加辅助轴。而对于回转体零件、螺旋曲面、多倾斜孔箱体、桨叶等复杂零件，即使复合加工中心也没有办法。此时只能使用四坐标或五坐标加工中心，利用其四轴或五轴联动功能实现加工目的。由于四坐标或五坐标加工中心价格昂贵，一般情况下，可考虑添加辅助回转轴。辅助回转轴如图 8—12 所示。四轴或五轴加工中心常见加工零件如图 8—13 所示。

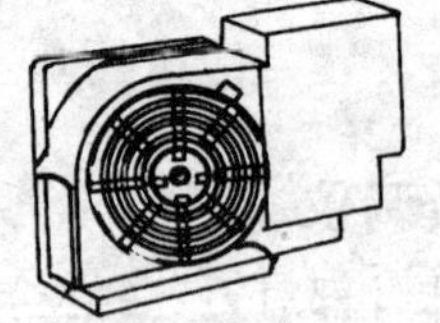

（a）卧式回转轴

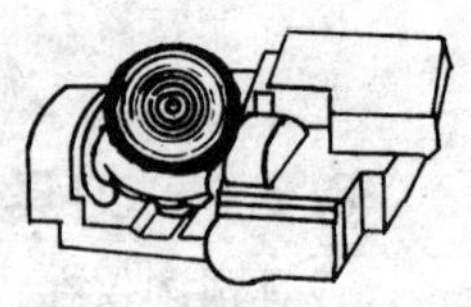

（b）立式回转轴

图 8—12　辅助回转轴

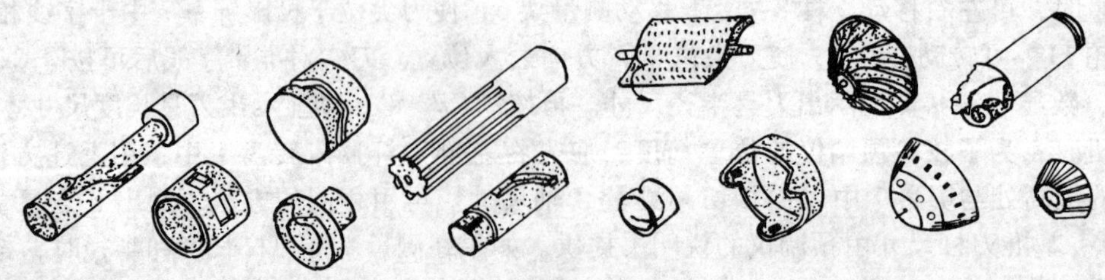

图 8—13　四轴或五轴加工中心常见加工零件

8.2.5　夹具系统

1. 夹具种类

机床夹具是在机床上用以装夹工件的一种装置，其作用是使工件相对于机床或刀具有一个正确的位置，并在加工过程中保持这个位置不变。为此，它需要有定位、导向、夹紧、连接等功能。机床夹具按其使用范围可分为通用夹具、可调整夹具、专用夹具、成组夹具和组合夹具（也称模块化夹具）。

（1）通用夹具是指结构、尺寸已规格化，且具有一定通用性的夹具，如三爪卡盘、平口台虎钳、回转工作台等。

（2）可调整夹具是针对通用夹具和专业夹具的缺陷而发展起来的一类新型夹具。对不同类型和尺寸的工件，只需调整或更换原来夹具上的个别定位元件和加紧元件便可使用。它一般又分为通用夹具和成组夹具两种。前者的通用范围比通用夹具更大；后者则是一种专用可调夹具，它按成组原理设计并能加工一组相似的工件，更换工件时，只需对家具的部分元件进行调整，从而减少总的调整时间，故它在多品种，中、小批量生产中使用会有较好的经济效果。

（3）专用夹具是针对某一工件某一工序的加工要求而专门设计和制造的夹具，其特点是针对性极强，没有通用性。

（4）组合夹具是一种标准化、系列化程度很高的柔性家具。它已商品化，由预先制造好的具有不同几何形状、不同尺寸的高精度元件与合件组成，使用时按照工件的加工要求，采用组合的方式组装成所需的夹具。

2. 夹具的选择

在加工中心上，应根据制造零件的精度、批量大小、制造周期、制造成本等合理选择夹具。

夹具的一般选择原则是，单件生产应尽量选用平口台虎钳、三爪卡盘、回转工作台、压板螺钉等通用夹具，其次考虑可调整夹具，最后选用专用夹具和成组夹具。组合夹具因具有灵活多变、万能性强的特点，可大大缩短生产准备周期，所以可适用于不同的场合。

思考题

1. 数控铣床和加工中心上常用刀柄和刀具有哪些？各适合什么场合？
2. *Z* 方向对刀仪有哪些种类？如何使用？
3. 数控铣床和加工中心通用工装设备有哪些？

参考文献

[1] 劳动和社会保障部教材办公室组织编写. 数控编程. 北京：中国劳动社会保障出版社，2004
[2] 劳动和社会保障部教材办公室教材组织编写. 数控铣床操作与编程培训教程. 北京：中国劳动社会保障出版社，2004
[3] 许兆丰等编译. 数控车床编程与操作. 北京：中国劳动社会保障出版社，1993
[4] 王永章主编. 机床的数字控制技术. 哈尔滨：哈尔滨工业大学出版社，1995
[5] 郑晓峰主编. 数控技术及应用. 北京：机械工业出版社，2004
[6] 袁锋主编. 数控机床培训教程. 北京：机械工业出版社，2005
[7] 张宇主编. 数控技术实践. 北京：机械工业出版社，2001
[8] 全国数控培训网络天津分中心编. 数控编程. 北京：机械工业出版社，1997
[9] 李郝林，方健编著. 机床数控技术. 北京：机械工业出版社，2001
[10] 李超编著. 数控加工实例. 沈阳：辽宁科学技术出版社，2005
[11] 眭润玉主编. 数控编程与加工技术，北京：机械工业出版社，2001
[12] 唐健主编. 数控加工与程序编制基础. 北京：机械工业出版社，1998
[13] 熊光华主编. 数控机床. 北京：机械工业出版社，2001
[14] 陈志雄主编. 数控机床与数控编程技术. 北京：电子工业出版社，2003
[15] 汤伟文主编. 数控机床编程与操作. 北京：中国劳动社会保障出版社，2000
[16] 陈洪涛主编. 数控加工工艺与编程. 北京：高等教育出版社，2003
[17] BEIJING – FANUC 0i MATE – TB 操作说明书
[18] 李佳主编. 数控机床及应用. 北京：清华大学出版社，2001
[19] 董献坤主编. 数控机床结构与编程. 北京：机械工业出版社，1997
[20] 王侃夫主编. 数控机床故障诊断及维护. 北京：机械工业出版社，2000
[21] 沈阳数控机床有限责任公司 SSCK20A 数控机床使用说明书
[22] 许祥泰，刘艳芳编著. 数控加工编程实用技术. 北京：机械工业出版社，2001
[23] 逯晓勤等编著. 数控机床编程技术，北京：机械工业出版社，2002
[24] 朱晓春主编. 数控技术. 北京：机械工业出版社，2001
[25] 翟瑞波主编. 数控机床编程与操作. 北京：中国劳动社会保障出版社，2004
[26] 上海市职业技术教育课程改革与教材建设委员会组编. 数控机床原理及应用. 北京：机械工业出版社，2001
[27] 龚仲华主编. 数控机床故障诊断与维修 500 例. 北京：机械工业出版社，2004

图书在版编目（CIP）数据

数控编程与操作/秦启书主编
北京：中国人民大学出版社，2009
21 世纪高职高专规划教材·数控系列
ISBN 978-7-300-10222-1

Ⅰ. 数…
Ⅱ. 秦…
Ⅲ. ①数控机床 - 程序设计 - 高等学校：技术学校 - 教材
②数控机床 - 操作 - 高等学校：技术学校 - 教材
Ⅳ. TG659

中国版本图书馆 CIP 数据核字（2009）第 000261 号

21 世纪高职高专规划教材·数控系列
数控编程与操作
主　编　秦启书
副主编　彭　巍
主　审　唐建生

出版发行	中国人民大学出版社		
社　　址	北京中关村大街 31 号	**邮政编码**	100080
电　　话	010 - 62511242（总编室）		010 - 62511398（质管部）
	010 - 82501766（邮购部）		010 - 62514148（门市部）
	010 - 62515195（发行公司）		010 - 62515275（盗版举报）
网　　址	http://www.crup.com.cn http://www.ttrnet.com(人大教研网)		
经　　销	新华书店		
印　　刷	北京东君印刷有限公司		
规　　格	185 mm×260 mm　16 开本	**版　　次**	2009 年 1 月第 1 版
印　　张	9.5	**印　　次**	2009 年 1 月第 1 次印刷
字　　数	234 000	**定　　价**	20.00 元

信息反馈表

尊敬的老师，您好！

为了更好地为您的教学、科研服务，中国人民大学出版社愿意为您提供全面的教学支持与服务。请您填好下表后以电子邮件或信件的形式反馈给我们，十分感谢！

您使用过或正在使用的我社教材名称		版次	
您希望获得哪些相关教学资料			
您对本书的建议（可附页）			
您所讲授课程名称			
您的通讯地址			
邮政编码		联系电话	
电子邮件（必填）			
您是否为人大社教研网会员	□ 是，会员卡号： □ 不是，希望申请		
您在相关专业是否有主编或参编教材意向	□ 是　　□ 否 □ 不一定		
您所希望参编或主编的教材的基本情况（包括内容、框架结构、特色等，可附页）			

我们的联系方式：北京市中关村大街 59 号文化大厦 1508 人大出版社教育分社

邮政编码：100872

电话：010－62515915，62515210

E－mail：Smooth. Wind@ 163. com

luocbs@ 126. com